Einsteins Relativitätstheorie verstehen

oder die Antwort auf die Frage nach dem Schicksal

Einsteins Relativitätstheorie verstehen
oder die Antwort auf die Frage nach dem Schicksal

Franz Wegener

Production: Giovanna Chilese

Für meine Kinder
Bewahrt euch den Mut, Fragen zu stellen

Inhalt

Vorwort S. 6

1 Die spezielle Relativitätstheorie S. 10

1.1 Gleichzeitigkeit S. 18
1.2 Zeitdilatation S. 29
1.3 Längenkontraktion S. 35
1.4 Gewichtszunahme S. 37
1.5 Jenseits der Lichtgeschwindigkeit S. 40

2 Die allgemeine Relativitätstheorie S. 54

2.1 Gravitative Zeitdilatation S. 57
2.2 Gravitative Rotverschiebung S. 66
2.3 Gravitation S. 68
2.4 Schwarze Löcher S. 78
2.5 Gravitationswellen S. 84

3 Die Zeit und unser Schicksal S. 90

4 Die unbeschrittenen Wege S. 110

Über den Autor S. 119

Vorwort

Vielen Dank für das Lesen dieses Buches.
Oder sollte ich dem Universum danken?
Hatten Sie tatsächlich die Wahl, es zu lesen, oder war das Ihr vorbestimmtes Schicksal?

Was auch immer die Ursache sein mag, es kommt von einem Interesse an den Geheimnissen der speziellen und allgemeinen Relativitätstheorie. Vielleicht entspringt es auch dem Frust darüber, dass so viele andere Bücher die erstaunlichen Voraussagen der Relativitätstheorie benennen, ohne sie wirklich zu erklären.
In diesem Buch werden wir die Gedankengänge der beiden Relativitätstheorien genauer beleuchten.
Wir werden untersuchen, warum zwei Personen, die sich relativ zueinander bewegen, beide gleichzeitig älter als der jeweils andere sein können und wie es dann sein kann, dass einer von beiden am Ende der Reise mehr gealtert ist.

Wir tauchen in die unmögliche Welt des Reisens oberhalb der Lichtgeschwindigkeit und in den Abgrund schwarzer Löcher ein.

Nach dem Lesen dieses Buches, werden wir wissen, dass die Schwerkraft keine Kraft ist, auf welche Weise der Raum gekrümmt ist, ob Zeitreisen möglich sind und was dies bedeutet.
Sogar auf die erste Frage nach unserem Schicksal und danach, wer die Entscheidung getroffen hat, dieses Buch zu lesen, werden wir eine Antwort finden.

Es gibt zwei Relativitätstheorien, die einander ergänzen. Die allgemeine Relativitätstheorie ist dabei eine Erweiterung der speziellen Relativitätstheorie.
Das bedeutet, dass alle Annahmen und Aussagen der speziellen Relativitätstheorie auch für die allgemeine Relativitätstheorie gelten.
Aus diesem Grund werden die wesentlichen Aspekte der speziellen Relativitätstheorie, welche ich schon in meinem Buch *„Die spezielle Relativitätstheorie vollständig verstehen – nur mit Schulmathematik“* vollständig beschrieben habe, im ersten Kapitel dieses Buches noch einmal ohne Formeln beleuchtet.

Ich werde außerdem, um Doppelungen möglichst gering zu halten, auf die Beschreibung der

Experimente verzichten, die zur Erfindung der Relativitätstheorie geführt haben, weil diese nicht unmittelbar für ihr Verständnis notwendig sind.

Die spezielle Relativitäts-theorie

1

Im 19. und 20. Jahrhundert wurden einige Experimente unternommen, die absolute Geschwindigkeit der Erde auf ihrem Weg durch das Weltall zu berechnen.

James Clark Maxwell hatte gerade die nach ihm benannten Formeln gefunden, die das Licht als elektromagnetische Welle beschreiben und die Lichtgeschwindigkeit vorhersagen, die man messen konnte.

Eine Besonderheit war jedoch, dass diese Formeln die Lichtgeschwindigkeit ohne einen Bezugsrahmen vorhersagten. So ging man erst einmal davon aus, dass sich das Licht relativ zu einem sogenannten Äther bewegt, welcher das

Universum durchzieht und den man sich wie das Koordinatensystem des Universums vorstellen kann. Daraus schlussfolgernd sollte es möglich sein, die Ausbreitungsgeschwindigkeit des Lichts in verschiedene Richtungen auf der Erde zu messen und daraus die absolute Geschwindigkeit der Erde im Universum zu bestimmen.

Dieses Experiment, welches nach seinen Erfindern Michelson-Morley-Experiment genannt wird, wurde mit zunehmender Genauigkeit durchgeführt aber es konnte nie ein Unterschied der Ausbreitungsgeschwindigkeit des Lichts zwischen den verschiedenen Richtungen auf der Erde gemessen werden.
Dies brachte dem Experiment den Titel des berühmtesten Fehlschlags in der Geschichte der Physik ein.

Obwohl sich die Erde um sich selbst und um die Sonne dreht, breitet sich das Licht auf der Erde in alle Richtungen gleich schnell aus.

Es schien so zu sein, als ob die gemessene Lichtgeschwindigkeit eben nicht vom Beobachter und seiner relativen Bewegung abhängt.
Aus dieser Erkenntnis wurden die beiden Postulate, also die beiden Grundannahmen der speziellen Relativitätstheorie gewonnen, auf denen die gesamte Theorie ruht.

1

1. Postulat:
Alle Inertialsysteme sind zur Beschreibung von Naturvorgängen gleichberechtigt. D.h. die Naturgesetze haben in allen Inertialsystemen die gleiche Form.

2

2. Postulat:
In allen Inertialsystemen hat die Lichtgeschwindigkeit c im Vakuum den gleichen Wert, nämlich
c = 299792 km/s.

Der darin vorkommende Begriff „Inertialsystem", welchen wir im Folgenden auch häufig mit I oder I' abkürzen, bedeutet hierbei nichts weiter, als ein sich gleichförmig bewegendes Koordinatensystem, in welchem ein bestimmter Beobachter in Ruhe ist.
I wäre dann das Koordinatensystem des ersten Beobachters, I' das Koordinatensystem des zweiten, I" des dritten, und so weiter.

Ein „Ruhesystem“ ist das Inertialsystem oder Koordinatensystem, in dem ein bestimmter Beobachter in Ruhe ist.

Beispiel: Stellen wir uns vor, dass wir einen Weltraumspaziergang machen und ein anderer Raumfahrer mit seinem Raumschiff an uns vorbeifliegt. Er und sein Raumschiff sind für uns gleichermaßen bewegt.
Wenn wir uns ein Koordinatensystem I vorstellen, in welchem wir selbst in Ruhe sind, also unser Ruhesystem, dann ist der Raumfahrer in unserem Koordinatensystem bewegt und er bewegt sich an uns vorbei. Weil unser Koordinatensystem I nicht beschleunigt wird, nennen wir es ein Inertialsystem.

Betrachten wir nun die Situation aus Sicht des anderen Raumfahrers.
Für ihn sind wir bewegt, während sich sein Raumschiff relativ zu ihm in Ruhe befindet.
Er kann sich ein Koordinatensystem I‘ vorstellen, in welchem er selbst in Ruhe ist und in welchem wir uns bewegen. Weil der andere Raumfahrer sein Triebwerk ausgeschaltet hat, treibt er unbeschleunigt durch das All an uns vorbei. Deshalb ist auch sein Ruhesystem I‘ ein Inertialsystem.

Das erste Postulat besagt, dass zwei oder mehr sich relativ zueinander gleichförmig bewegende

Beobachter nicht feststellen können, wer von ihnen sich bewegt und wer stationär ist.
Alle Messungen, die sie anstellen könnten, um dies herauszukriegen, würden für alle Beobachter die gleichen Ergebnisse liefern.

Unsere Raumfahrer können zwar einfach feststellen, dass sich der jeweils andere an ihm vorbei bewegt, haben jedoch keine Möglichkeit festzustellen, ob er selbst oder der jeweils andere sich in Ruhe befindet – oder sich vielleicht sogar beide bewegen (Abb.1).

Abb. 1

Man könnte jetzt einwenden, dass sich die beiden ja im Normalfall an anderen Objekten, wie z.B. den Sternen orientieren könnten und so vielleicht doch feststellen könnten, wer sich bewegt. Wie oben bereits dargelegt, konnte selbst durch komplizierte Experimente nicht nachgewiesen werden, in welche Richtung sich die Erde im absoluten Sinne bewegt.

Da wir mittlerweile ja auch wissen, dass sich alle Sterne selbst bewegen, könnten unsere Raumfahrer maximal feststellen, inwiefern sie sich relativ zu bestimmten Sternen bewegen.
Die hätten dann jedoch dasselbe Problem wieder, weil sie ja nicht wissen, in welche Richtung sich diese Sterne bewegen.
Es kommt erschwerend hinzu, dass sich Sterne auch relativ zu einander bewegen.

Das zweite Postulat besagt, dass die Lichtgeschwindigkeit, die Beobachter im Vakuum messen, für alle Beobachter gleich ist, nämlich 299792 km/s. Dies gilt für alle Beobachter, unabhängig von ihrer eigenen Bewegung relativ zu anderen Beobachtern.
Unsere beiden Raumfahrer können also, genau wie Michelson und Morley, nicht einmal die Bewegung des Lichts als Bezugspunkt benutzen, um ihre eigene Bewegung zu messen.

Aus diesen beiden Postulaten wird die gesamte spezielle Relativitätstheorie hergeleitet.

1.1 Gleichzeitigkeit

Die spezielle Relativitätstheorie beschäftigt sich mit der Beschreibung von Fortbewegung, Geschwindigkeit und Beschleunigung. Zu deren besseren Verständnis werden wir uns im Folgenden mit Minkowski-Diagrammen beschäftigen, welche Bewegungen im Rahmen der Relativitätstheorie darstellen können.

Oben haben wir uns mit Koordinatensystemen beschäftigt. Minkowski-Diagramme sind Weg-Zeit Diagramme, also Koordinatensysteme, in denen man Bewegungen darstellen kann.

Sie haben eine Zeitachse, die in der Regel so gezeichnet wird, dass sie nach oben zeigt, und eine Raumachse, die wir im Folgenden nach rechts zeigen lassen. Dies ist aber lediglich eine Konvention, die keinen Einfluss auf die Schlussfolgerungen der Theorie hat.

Die Einheiten sind Sekunden (s) für die Zeit und Lichtsekunden (Ls) für den Weg.

Eine Lichtsekunde ist die Strecke, die Licht in einer Sekunde zurücklegt. Eine Lichtsekunde ist exakt 299792,458 km lang. Es wären auch andere Zeiteinheiten wie Tage, Jahre usw. denkbar.
Dann wäre die Weg- bzw. Ortseinheit entsprechend Lichttage, Lichtjahre, und so weiter.

Durch die obige Definition verlaufen „Weltlinien" von Lichtsignalen stets parallel zu einer der beiden Winkelhalbierenden der Achsen (Abb. 2+3). Weltlinien sind dabei die Linien auf denen sich ein Objekt durch die Raumzeit bewegt.
Anders gesagt, ist eine Weltlinie die Linie, die alle Orte, an denen sich ein Objekt zu verschiedenen Zeitpunkten befindet, chronologisch miteinander verbindet. Das Licht muss sich deshalb parallel zu einer der Winkelhalbierenden des Minkowski-Diagramms bewegen, weil es sich entsprechend dem zweiten Postulat mit Lichtgeschwindigkeit durch das Vakuum bewegt.
Der Winkel zwischen den Achsen eines Minkowski-Diagramms ist nicht festgelegt und er hat auf das Diagramm selbst keinen Einfluss.
Selbst das Licht verläuft weiter parallel zu einer Winkelhalbierenden des Minkowski-Diagramms und Lichtstrahlen in entgegengesetzten Richtungen stehen im Diagramm immer senkrecht aufeinander (siehe Abb. 2 und 3).

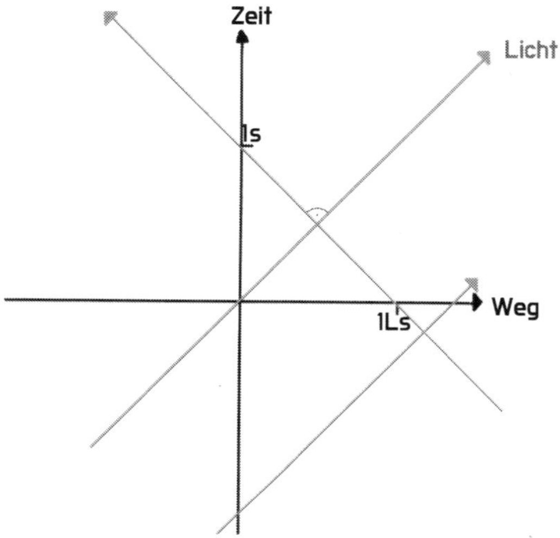

Abb. 2

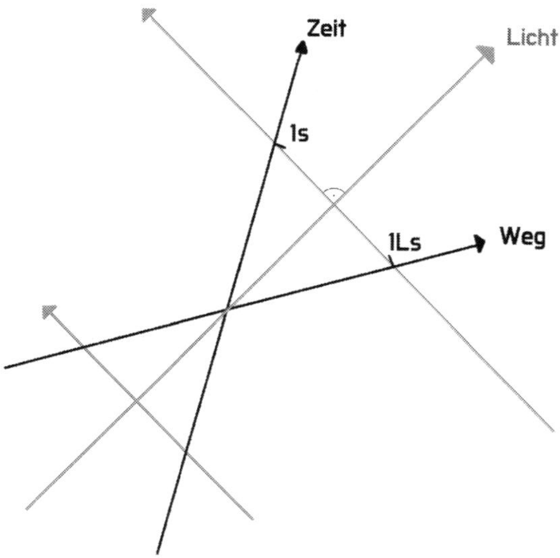

Abb. 3

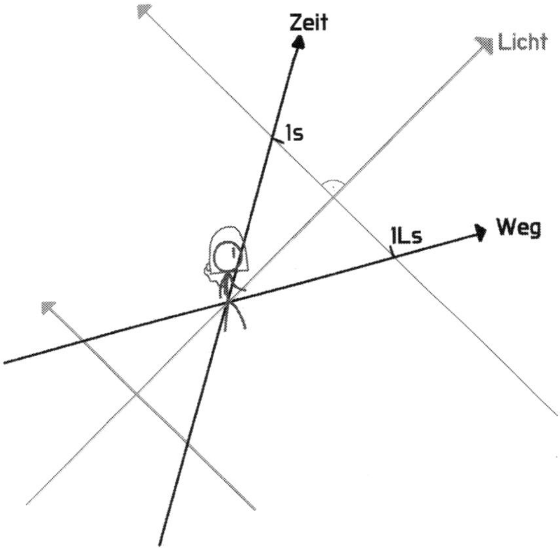

Abb. 4

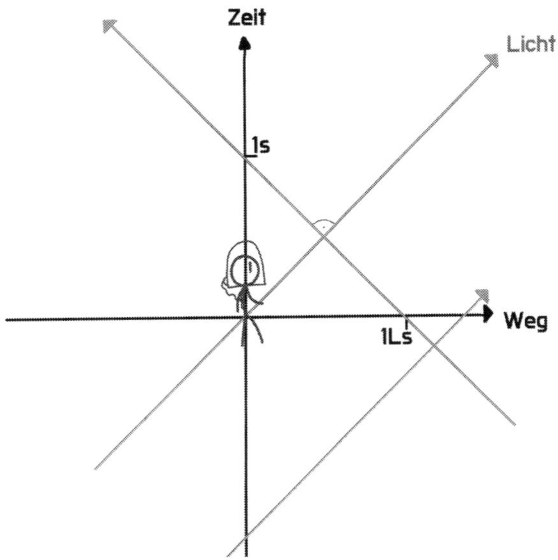

Abb. 5

Wenn wir uns in unserem Minkowski-Diagramm in Abb. 5 in Ruhe befinden, dann bewegen wir uns parallel zu seiner Zeit-Achse jede Sekunde um eine Sekunde in die Zukunft.

Betrachten wir unsere beiden Raumfahrer.
Wir selbst sind im Inertialsystem I in Ruhe (Abb. 5), während unser Raumfahrerkollege im Inertialsystem I‘ in Ruhe ist (Abb. 4). Da wir uns auf einander zu bewegen, zeigen unsere jeweiligen Zeitachsen auf denselben Raum-Zeit-Punkt in der Zukunft, an dem wir uns begegnen.
Weil diese Minkowski-Diagramme Raum und Zeitachsen haben und daher alle Punkte in unseren Koordinatensystemen eine Raum- und Zeitkomponente haben, werde ich im Folgenden nur noch von Raumzeitpunkten sprechen[1].
Dieselben Raumzeitpunkte zwischen uns und unserem Raumfahrerkollegen, sowie um uns herum, werden wir beide in unseren jeweiligen Koordinatensystemen verschieden benennen.

1 Ein alltagsnäheres Wort für „Raumzeitpunkt“ wäre „Ereignis“, weil Ereignisse eben auch immer zu einem Zeitpunkt an einem bestimmten Ort stattfinden.
Weil Ereignisse aber zusätzlich implizieren, dass am genannten Raumzeitpunkt auch noch irgendetwas interessantes geschieht, benutze ich das Wort Raumzeitpunkte.

Wir können uns aber auf eine geeignete Übersetzung der Bezeichnungen der Punkte einigen und diese in einander umrechnen, wenn wir das wünschen.

Dass die Zeitachsen der beiden Raumfahrer in Abb. 4 und Abb. 5 nicht parallel zu einander sind ist unmittelbar klar, weil der Raumfahrer in Abb. 4, den ich ab jetzt Alexej[2] nenne, ja auf uns (Abb. 5) zukommt und unsere Raumkoordinaten dann (fast) gleich sind, wenn wir uns (fast) treffen.

Dass die Raumachsen unserer beiden Koordinatensystem auch nicht parallel zu einander liegen, ist etwas schwieriger zu verstehen.
Es folgt, wie eingangs erwähnt, daraus, dass ja derselbe Lichtstrahl in unseren beiden Koordinatensystemen gleich schnell sein muss, d.h. sich mit Lichtgeschwindigkeit fortbewegt.
Dies muss selbst dann noch so sein, wenn wir uns relativ zu einander bewegen.

2 Nach Alexej Leonow, der am 18. März 1965 als erster Mensch einen Weltraumspaziergang gemacht hat.

Betrachten wir ein Experiment, welches Alexej in seinem Raumschiff durchführt während er an uns vorbei fliegt. Er hat einen Laser vorn und hinten im Raumschiff angebracht und schaltet diese gleichzeitig an, so dass sich die beiden Lichtstrahlen genau in der Mitte treffen[3].
Dies sieht für Alexej aus, wie in Abb. 6.

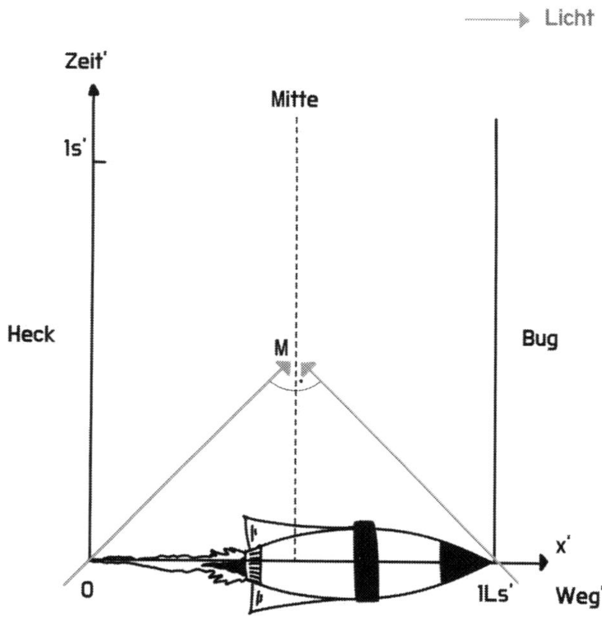

Abb 6

3 Eine normale Lampe hätte es natürlich auch getan, aber ein Laser ist deshalb etwas anschaulicher, weil sich bei einem Laser alle Lichtteilchen gebündelt in dieselbe Richtung bewegen, während das Licht einer Lampe etwas unanschaulich ist, weil es irgendwie das ganze Raumschiff erhellt.

Da Alexejs Raumschiff genau eine Lichtsekunde lang ist, treffen sich die Lichtstrahlen nach genau einer halben Sekunde in der Mitte seines Raumschiffs. Weil sich das Raumschiff aus Alexejs Perspektive ja nicht bewegt, verläuft die Weltlinie des Raumschiffs parallel zur Zeitachse.
Den Nullpunkt der Raumachse (Weg') hat Alexej ins Heck des Raumschiffs gelegt.

Wir betrachten nun Alexejs Experiment aus unserer eigenen Sicht, wie wir ihn experimentierend an uns vorbeifliegen sehen. Weil er sich ja relativ zu uns bewegt, ist die Weltlinie des Hecks seines Raumschiffs, und damit auch seine Zeitachse, eben nicht parallel zu unserer Zeitachse (Abb. 7).

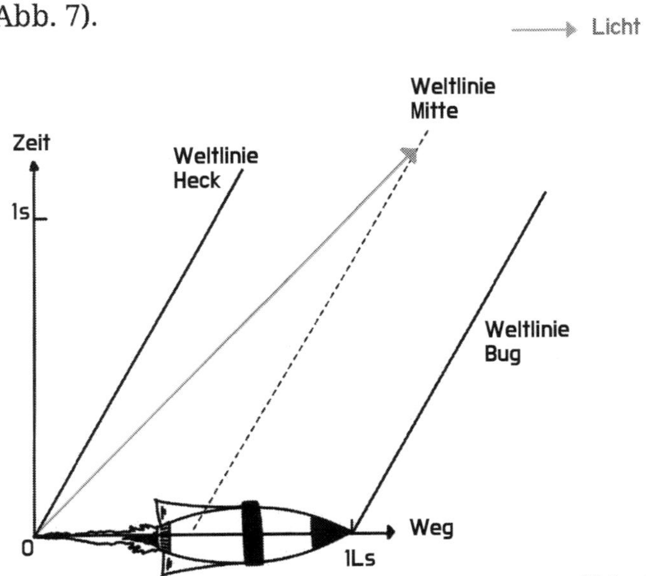

Abb. 7

Den Lichtstrahl, den Alexej in Richtung Bug losschießt, kann man in Abb. 7 auch sehen.

Nun müssen wir nur den Lichtstrahl, der vom Bug des Raumschiffs kommt, einfügen.
Dieser fliegt in die entgegengesetzte Richtung, wie der Lichtstrahl vom Heck, und steht deshalb im rechten Winkel zum Lichtstrahl vom Heck.
Weiterhin muss er an der Weltlinie des Bugs beginnen, weil er von dort ja losgeschossen wurde und es ergibt sich das Bild in Abbildung 8.

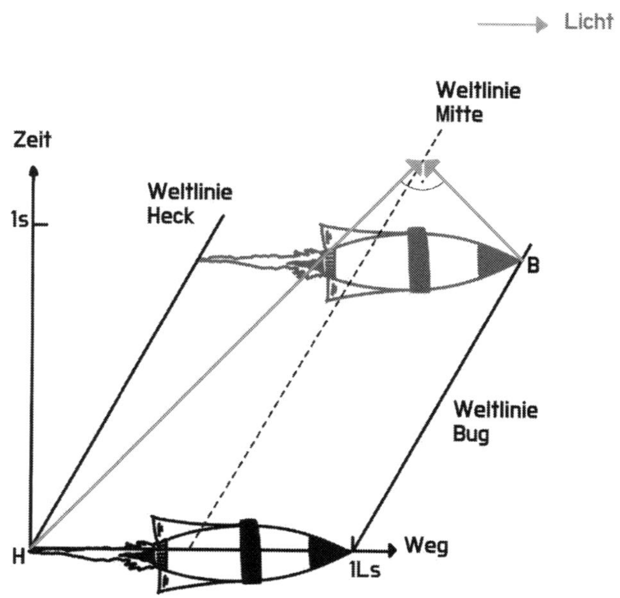

Abb. 8

Wie wir sehen, ist nun das Licht von Bug und Heck aus unserer Sicht keineswegs gleichzeitig gestartet, sondern das Licht vom Bug erst viel später. Das macht für uns auch Sinn, weil wir ja beobachten können, wie das Licht vom Heck Alexejs schnellen Raumschiff hinterherfliegen muss und es somit einen viel weiteren Weg zur Raumschiffmitte hat als das Licht vom Bug.
Ich habe den Raumzeitpunkt, an dem das Licht vom Bug gestartet ist, in Abb. 8 mit B bezeichnet und den Raumzeitpunkt, an dem das Licht vom Heck gestartet ist, mit H bezeichnet.

Da aus Alexejs Sicht B und H gleichzeitig passiert sind, muss für ihn zum Zeitpunkt des Starts der beiden Lichtstrahlen der Bug des Raumschiffs im Raumzeitpunkt B gelegen haben und das Heck im Raumzeitpunkt H. B und H passieren für ihn gleichzeitig und seine Raumachse verläuft durch diese beiden Punkte (Abb. 9).
Zur besseren Unterscheidung der beiden Koordinatensysteme habe ich die Achsennahmen für Alexej mit einem Strich gekennzeichnet (Zeit‘ und Weg‘).
Später werde ich auch die Einheiten auf diesen Koordinatenachsen entsprechend ihrer Zugehörigkeit zum jeweiligen Koordinatensystem mit einem Strich kennzeichnen, also Sekunde‘ und Lichtsekunde‘.

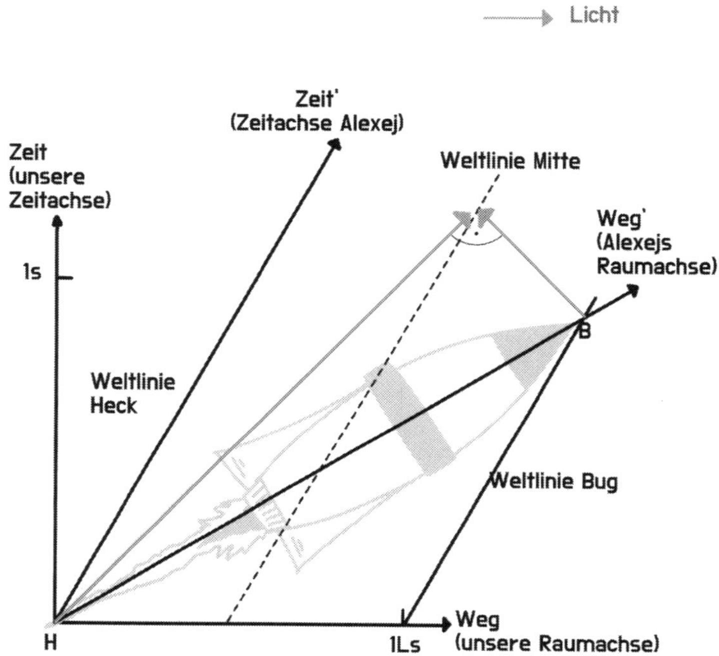

Abb. 9

Anders als in unserem Koordinatensystem, sind in Alexej's Koordinatensystem die beiden Lichtsignale gleichzeitig am Bug und Heck losgeflogen, damit sie gleichzeitig in der Mitte ankommen. Für ihn macht das auch nur so Sinn, weil die beiden Lichtsignale aus seiner Sicht ja gleich weit zur Mitte fliegen müssen und auch aus seiner Sicht beide Lichtsignale gleich schnell sind.

1.2 Zeitdilatation

Wir haben bisher festgestellt, dass für Alexej und uns verschiedene Raumzeitpunkte gleichzeitig sind und unsere Raumachsen nicht einmal parallel zu einander liegen.

Dasselbe gilt auch für alle Parallelen zu unseren Raumachsen, welche auch Simultanräume genannt werden, weil sie alle für einen Beobachter gleichzeitig stattfindenden Raumpunkte zu jeweils einem bestimmten Zeitpunkt enthalten.

Wenn wir nur Inertialsysteme betrachten, also Koordinatensysteme, die nicht beschleunigt werden, sind Simultanräume für den Raum das, was Weltlinien für die Zeit sind.

Simultanräume enthalten alle für den Beobachter gleichzeitig stattfindenden Raumpunkte, das heißt, den Raum zu einem bestimmten Zeitpunkt. Weltlinien enthalten dagegen alle Zeitpunkte für einen bestimmten Raumpunkt.

In Abb. 9 sind beide Beobachter, Alexej und wir, am selben Ort im Koordinatenursprung gestartet, den wir als H nach dem Heck von Alexejs Raumschiff bezeichnet haben.

Betrachten wir nun, wie das Bild eine Sekunde später aussieht (Abb. 10).

Abb. 10

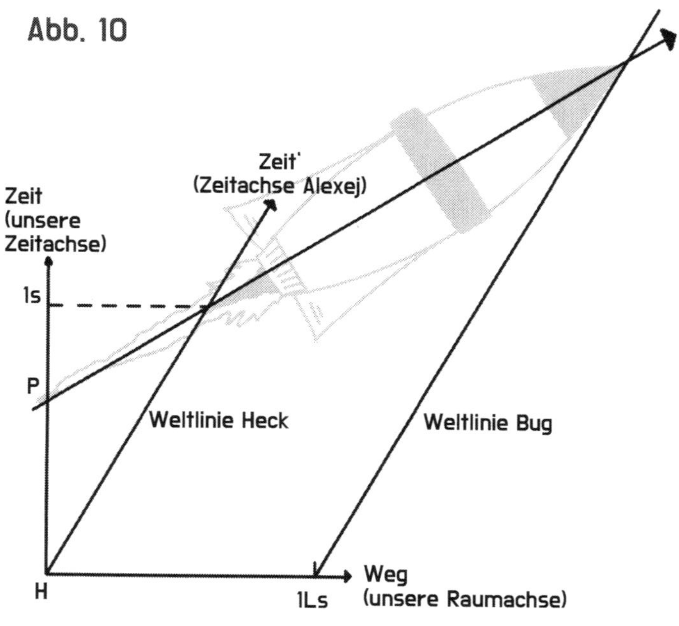

Alexej ist mit seinem Raumschiff weitergeflogen. Wir sehen aber außerdem, dass seine Raumachse unsere Zeitachse eben nicht bei einer Sekunde schneidet, sondern im Punkt P bei einer viel kleineren Zahl. Wenn wir auf unserer Uhr sehen, dass eine Sekunde vergangen ist, sehen wir bei Alexej etwas anderes auf der Uhr stehen, sagen wir x Sekunden‘. Zu diesem Zeitpunkt x Sekunden‘ zeigt für Alexej unsere Uhr weniger als 1 Sekunde (Punkt P in Abb.10).

Wenn nun das erste Postulat stimmt, dann muss die Welt für Alexej und uns gleich aussehen, und keiner von uns entscheiden können, wer von uns sich bewegt. Das heißt, wenn Alexej nach einer seiner Sekunden‘ sieht, dass auf unserer Uhr weniger Zeit vergangen ist, dann muss dasselbe auch für uns gelten: wir müssen auf seiner Uhr genauso viel weniger vergangene Zeit sehen, wie er bei uns.

Im Beispiel in Abb. 11 bewegt sich Alexej mit 60% der Lichtgeschwindigkeit an uns vorbei. Deshalb sehen wir bei ihm nur 0,8 s‘ auf seiner Uhr, während bei uns 1 s vergangen ist. Genauso sieht er auf unserer Uhr, dass 0,8 s vergangen sind, während seine eigene Uhr 1 s‘ anzeigt[4].

4 Die genaue Berechnung dieser Zahlen habe ich in meinem Buch „Die spezielle Relativitätstheorie komplett verstehen – nur mit Schulmathematik“ vollständig hergeleitet.
Da dieses Buch keine Mathematik beinhalten soll, habe ich die Berechnung weggelassen. Sie ist für das konzeptuelle Verständnis der beiden Relativitätstheorien, welches in diesem Buch unser Ziel ist, nicht notwendig.

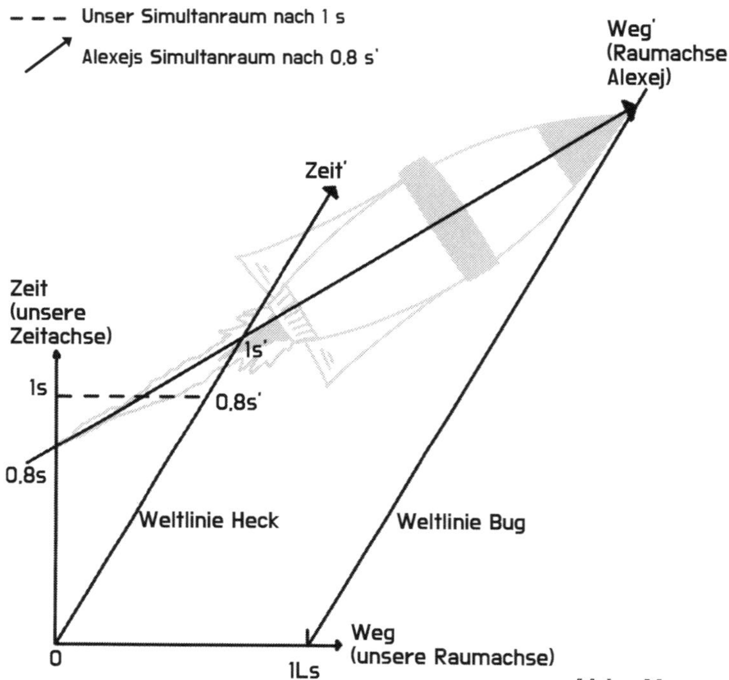

Abb. 11

Nach dem berühmten Zwillingsparadoxon fliegt einer von zwei Zwillingen von der Erde aus los und macht eine lange Reise mit einer Geschwindigkeit nahe der Lichtgeschwindigkeit. Als er zurückkommt, ist dieser Zwilling wesentlich jünger als der andere.

In unserem Beispiel könnte Alexej dieser andere Zwilling sein. Nun sehen wir, während er unterwegs ist, tatsächlich, dass er jünger bleibt als wir. Schon bei 60% der Lichtgeschwindigkeit vergehen für ihn ja nur 0,8 Sekunden‘, während für uns 1 Sekunde vergeht.

Wenn er 10 unserer Jahre so weiterfliegt, vergehen für ihn eben nur 8 Jahre.

Allerdings sieht er dasselbe ja andersherum auch bei uns passieren. Er denkt also, dass wir jünger sind. Wer hat nun Recht?

Die Antwort ergibt sich, wenn Alexej bei uns wieder ankommt. In dem Moment muss er ja wieder abbremsen und gleicht damit die Ausrichtung seines Simultanraums, d.h. seiner Raum- und Zeitachse der unseren an (Abb. 12)..

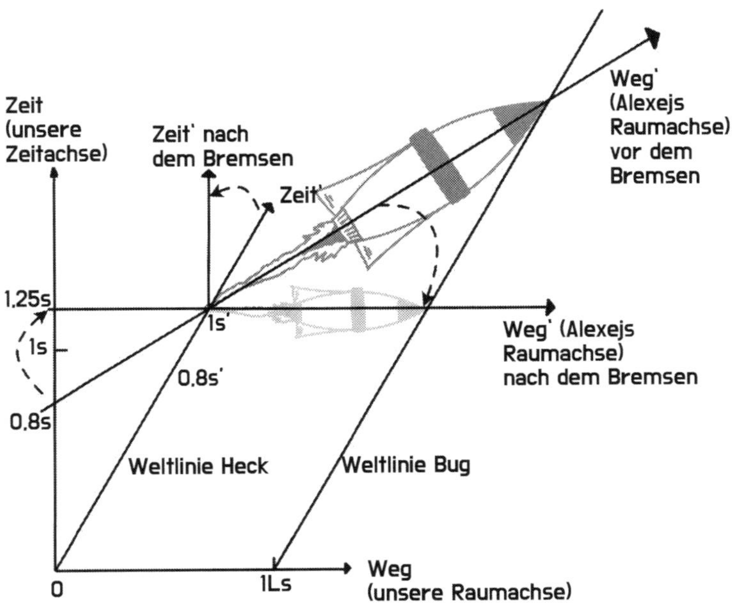

Abb. 12

Hier geschieht der Trick. Während er das tut, sieht er uns plötzlich älter werden, weil sich sein Simultanraum ja so dreht, dass er in unserer Zukunft landet. Dass sich auch die Zeitachsen an einander anpassen ist unmittelbar klar, weil wir und Alexej uns nach unserem Treffen ja gleich schnell in dieselbe Richtung bewegen.
Dieser Vorgang, dass die Zeit abhängig von der Geschwindigkeit verschieden schnell läuft, wird Zeitdilatation genannt.

1.3 Längenkontraktion

Nachdem wir die Zeitdilatation verstanden haben, ist die Längenkontraktion einfach zu verstehen, weil diese genauso wie die Zeitdilatation funktioniert – nur eben an der jeweils anderen Achse.

Betrachten wir wieder den Moment nachdem Alexej auf eine hohe Geschwindigkeit beschleunigt hat, sich aber noch am selben Ort, wie wir befindet (Abb. 13).

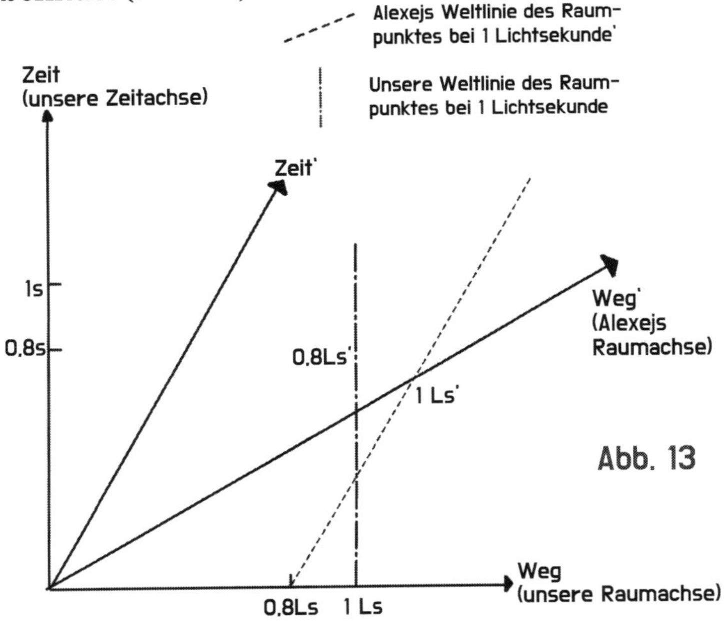

Abb. 13

Wir messen nun die Strecke, die Alexej zurückgelegt hat.
An dem Raumzeitpunkt, an dem er aus unserer Sicht eine Lichtsekunde (Ls) zurückgelegt hat, misst sein eigener Entfernungsmesser für seine zurückgelegte Wegstrecke eben nur 0,8 Ls.
Genau, wie bei der Zeit, sehen wir selbst die Situation symmetrisch anders herum.
Genau, wie er seine zurückgelegte Wegstrecke, die sich ja relativ zu ihm selbst schnell bewegt, verkürzt sieht, sehen wir die Länge seines Raumschiffs um den gleichen Faktor verkürzt.
Dieser Faktor hängt wieder von unserer relativen Geschwindigkeit zueinander ab. Genauso, wie Alexej jünger ankommt, wenn er wieder abgebremst hat, ist auch seine zurückgelegte Wegstrecke, die er gemessen hat, kürzer als die, die wir beobachtet haben.

Dieser Effekt heißt relativistische Längenkontraktion.

1.4 Gewichtszunahme

Zum experimentellen Nachweis der Gewichtszunahme brauchen wir einen Federkraftmesser, den Alexej auf seinem Raumschiff mitnimmt.
Ein Federkraftmesser ist eine Feder neben der eine Skala angebracht ist, auf der die auf die Feder wirkende Kraft zur Federlänge geschrieben ist. Wenn man also im Schwerefeld der Erde ein Gewicht an die Feder hängt, dann verlängert sich die Feder.
Je schwerer das Gewicht, desto größer die wirkende Gewichtskraft und desto länger wird die Feder gezogen. Dies kann man dann an der Skala ablesen.

Die Längenkontraktion hat auf die abgelesene Kraft keinen Einfluss, da die Feder und die Skala parallel zu einander liegen und durch die relativistische Längenkontraktion gleichermaßen verkürzt werden, wodurch das Ende der Feder an derselben Stelle neben der Skala liegt.

Wenn nun auf einen Körper eine Kraft wirkt, dann verändert sich dadurch seine Bewegung. Er wird abgebremst, seitlich abgelenkt oder beschleunigt. Je stärker die Kraft, desto stärker diese Bewegungsveränderung, die ich im Folgenden einfach verallgemeinert als Beschleunigung bezeichnen werde. Je höher die Masse, desto kleiner die Beschleunigung, die aus derselben Kraft resultiert[5].

Wir schauen uns nun ein Experiment an, bei dem Alexej an Bord seines vorbeifliegenden Raumschiffs ein schweres Objekt mithilfe des Federkraftmessers bewegt.
Genauer gesagt beschleunigt er das Objekt, indem er mit dem Federkraftmesser daran zieht.
Weil Alexejs Raumschiff gerade selbst nicht beschleunigt, herrscht an Bord Schwerelosigkeit und die Trägheit des Objekts ist es, welche Alexejs Bewegung entgegenwirkt und den Federkraftmesser verlängert.

5 Dies ist auch als das 2. Bewegungsgesetz Newtons bekannt und wird als Formel F = m*a geschrieben, wobei F die einwirkende Kraft ist (englisch force), m die Masse und a die Beschleunigung (englisch acceleration).

Nun erscheint bei hoher Geschwindigkeit die Zeit langsamer zu laufen. Deshalb verringert sich auch die von uns beobachtete Beschleunigung des Objektes an Bord von Alexejs Raumschiff. Weil aber, wie oben beschrieben, die von uns beobachtete Kraft dieselbe ist (der Federkraftmesser zeigt für uns ja denselben Wert an), müssen wir auf eine größere Masse desselben Objekts in Alexejs Raumschiff schließen, als Alexej[6].

6 Wenn man nun die Gesamtenergie, also die kinetische Energie plus die Ruheenergie ausrechnen möchte, kommt man darauf, dass diese – unabhängig von der Geschwindigkeit – proportional zur Masse ist.

Dies ist die berühmte Formel E=mc2. Ich habe diese Formel in meinem Buch „Die spezielle Relativitätstheorie komplett verstehen – nur mit Schulmathematik“ vollständig in kleinen Schritten hergeleitet.

1.5 Jenseits der Lichtgeschwindigkeit

Im Folgenden möchten wir versuchen, die Lichtgeschwindigkeit zu überschreiten.
Da wir in Abb. 1 in Kapitel 1 ja schon gesehen haben, dass Geschwindigkeiten nur relativ zu einander definiert sind, führen wir ein weiteres Experiment durch, in dem wir einen weiteren Astronauten hinzufügen, den wir Ed[7] nennen.
Ed und Alexej kommen nun aus entgegengesetzten Richtungen mit mehr als der halben Lichtgeschwindigkeit auf uns zugeflogen, sagen wir mit 60% der Lichtgeschwindigkeit (Abb.14).

Abb. 14

7 Nach Ed White, dem zweiten Menschen, der außerhalb eines Raumschiffs im Weltraum schwebte.

Wenn nun beide auf uns mit 60% der Lichtgeschwindigkeit zukommen, dann müssten sie ja mit Überlichtgeschwindigkeit auf einander zukommen.

Da wir uns in einem Minkowski-Raum befinden, zeichnen wir die Situation in einem Minkowski-Diagramm auf und sehen, was passiert (Abb. 15). Um einen übersichtlicheren Vergleich zu haben, zeigt das Diagramm den Zeitpunkt, an dem die beiden an uns vorbeifliegen und wir uns alle am Nullpunkt unseres Koordinatensystems befinden.

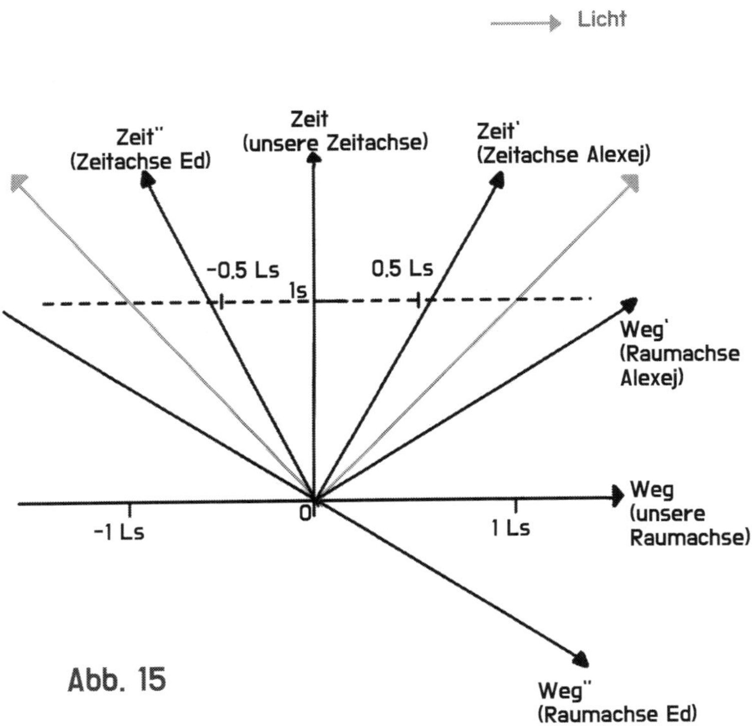

Abb. 15

Wir sehen, dass wir alle drei das Licht als Winkelhalbierende in unserem jeweiligen Koordinatensystem haben.
In unserem Koordinatensystem ist Alexej schneller als 50% der Lichtgeschwindigkeit, weil er nach 1 Sekunde mehr als eine halbe Lichtsekunde zurückgelegt hat. Auch Ed ist schneller als 50% der Lichtgeschwindigkeit, weil auch er in einer Sekunde mehr als eine halbe Lichtsekunde weit geflogen ist.
Aus Eds Perspektive (Zeit“ und Weg“) fliegt Alexej aber immer noch dem Licht (Lichtpfeil nach rechts) hinterher und ist auf keinen Fall schneller als das Licht. Alexej sieht dasselbe wie Ed.
Er sieht uns dem Lichtpfeil nach Links hinterherjagen, aber wir sind langsamer als das Licht.
Genauso sieht Alexej Ed hinter dem Licht hinterher jagen, doch obwohl er viel schneller ist als wir, ist er auch für Alexej noch immer langsamer als das Licht. Wenn sich beide aus entgegengesetzten Richtungen mit 60% der Lichtgeschwindigkeit an uns vorbei bewegen, dann bewegen sie sich an einander mit 75% der Lichtgeschwindigkeit vorbei[8].

8 Entsprechend der Abbildung 15 berechnet die Formel $\frac{v_A+v_E}{v_A+1}$ Eds Geschwindigkeit aus Alexejs Sicht, wobei v_A für Alexejs Geschwindigkeit relativ zu uns steht und v_E für Eds Geschwindigkeit relativ zu uns.

Wenn sich beide mit 95% der Lichtgeschwindigkeit an uns vorbei bewegen, dann bewegen sie sich an einander mit 97% der Lichtgeschwindigkeit vorbei.
Wenn sich beide mit 1% der Lichtgeschwindigkeit an uns vorbei bewegen, dann bewegen sie sich an einander mit fast 2% der Lichtgeschwindigkeit vorbei, weshalb uns dieser Effekt im Alltag nicht auffällt. 1% der Lichtgeschwindigkeit sind immer noch fast 3000 km/s. Ein Flug von Berlin nach Sydney würde bei dieser Geschwindigkeit weniger als 6 Sekunden dauern.

Die Lichtgeschwindigkeit selbst erreichen wir also relativ zu allen möglichen anderen Beobachtern, die sich selbst nicht mit Lichtgeschwindigkeit bewegen, gleichzeitig.
Das heißt entweder sehen uns *alle* anderen Beobachter mit Lichtgeschwindigkeit fliegen oder keiner sieht uns mit Lichtgeschwindigkeit fliegen.
Je mehr wir uns der Lichtgeschwindigkeit annähern, desto schwerer werden wir und desto mehr Energie müssen unsere Triebwerke in jeden Stundenkilometer stecken, um den wir unsere Geschwindigkeit weiter erhöhen möchten.
Je mehr wir uns der Lichtgeschwindigkeit nähern, desto mehr nähert sich unser Gewicht und damit auch der Energieverbrauch unserer Triebwerke dem Unendlichen.

Wenn wir unseren Blick auf unsere Umgebung richten, scheinen die Uhren der Leute, an denen wir vorbeifliegen immer langsamer zu laufen und die Leute, sowie die Wegstrecke, die wir zurücklegen scheint immer weiter verkürzt, bis beide sich (nahe der Lichtgeschwindigkeit) der Null nähern.

Wenn wir uns also die Welt eines Photons[9] auf seinem 4h 10min langen Weg von der Sonne zum Neptun vorstellen (~4,497 Mrd. km), ist für das Photon der Abstand zwischen Sonne und Neptun auf null geschrumpft.
Das bedeutet, dass für das Photon gar keine Zeit vergangen ist und dass es im selben Moment auf den Neptun auftrifft, in dem es von der Sonne losgeflogen ist.
Dasselbe gilt für ein Photon, welches uns vom Andromeda-Nebel erreicht und aus unserer Sicht ca. 2,5 Mio. Jahre unterwegs war. Wenn für ein Photon von seiner Entstehung bis zu seiner Auslöschung keine Zeit vergeht, existiert es nicht auf dieselbe Art wie wir und kann sich nicht selbst beobachten. Photonen kennen keinen Raum und keine Zeit.

9 Photon ist ein anderes Wort für „Lichtteilchen"

Die Zeitachse liegt bei Lichtgeschwindigkeit eben im Simultanraum und hat die Länge null.
Anders gesagt, liegen alle Zeit und Raumpunkte auf dem Weg eines Photons im selben Simultanraum und gleichzeitig auf derselben Weltlinie.
Sie passieren gleichzeitig und befinden sich am selben Ort.
Man muss hierbei allerdings beachten, dass das Universum ja drei Raumachsen hat, von denen nur die Raumachse in Bewegungsrichtung des Photons auf null verkürzt ist. Die anderen Raumachsen erreicht das Photon allerdings auch nicht, weil sein Weg dort nicht hinführt. Die Weite seiner Reise, und damit die Größe des Universums, ist für ein Photon nicht erfahrbar.

Was geschieht nun, wenn es jemand schafft, mehr als unendlich viel Energie aufzubringen, um schneller als das Licht zu reisen?
Der Ausdruck „mehr als unendlich viel Energie“ sollte eigentlich schon genügen, um jeden Versuch in einem flachen Raum Überlichtgeschwindigkeit zu erreichen, sinnlos erscheinen zu lassen. Deshalb ist der Rest des Kapitels auch eher an angehende Science- Fiction Autoren gerichtet als an Raumfahrtingenieure.

In Abb. 16 zeigen die gestrichelten Linien, wie sich Alexejs Raum und Zeitachse verschieben, während sich Alexej aus unserer Sicht der Lichtgeschwindigkeit nähert und diese dann überschreitet.

In dem Moment, in dem sich Alexejs Koordinatenachsen dem Licht annähern, verschiebt sich auch die Sekunden- und Lichtsekundeneinteilung auf den Achsen ins Unendliche.

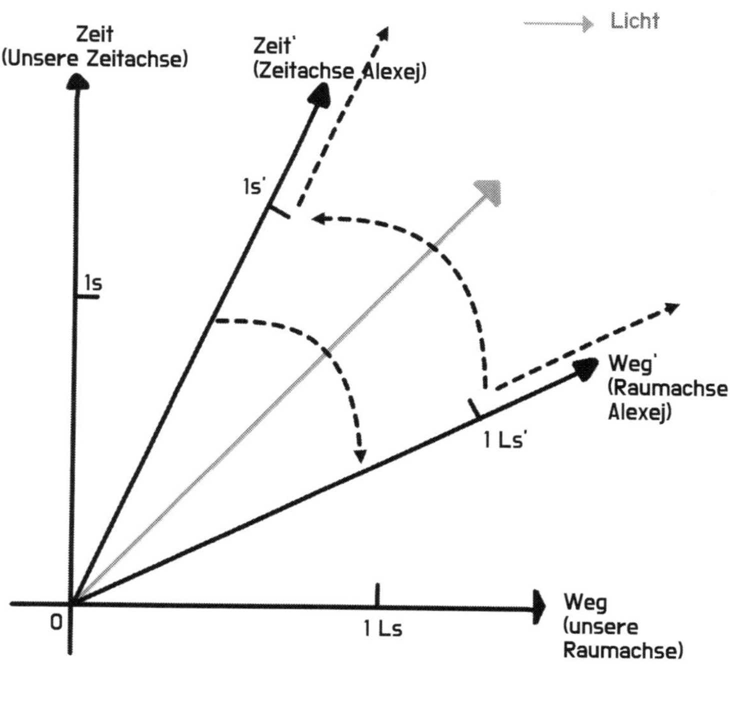

Abb. 16

In Abb. 17 sehen wir das Ergebnis dieser Transformation. Alexejs Raum- und Zeitachse sind aus unserer Sicht vertauscht und die Einteilung für 1 Sekunde und 1 Lichtsekunde sind jenseits des Unendlichen gerückt, wobei nicht klar ist, was das eigentlich bedeuten könnte.

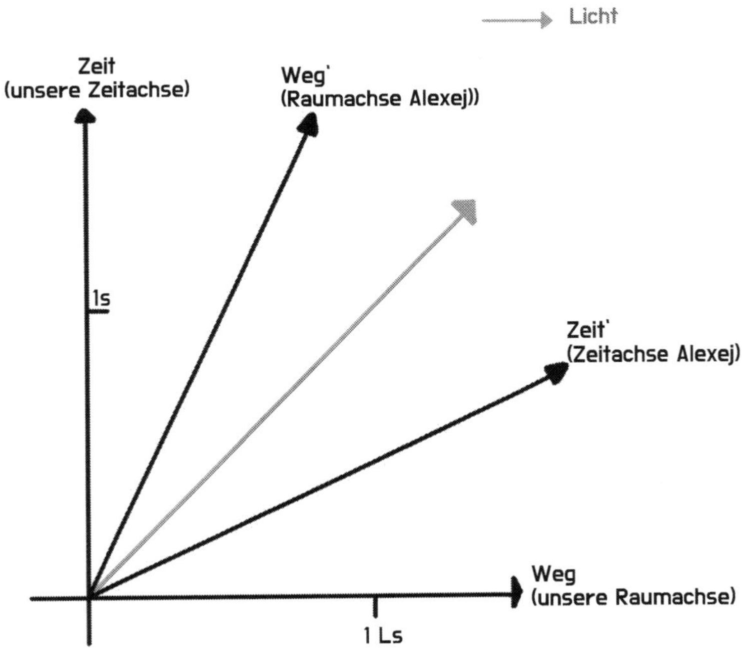

Abb. 17

Sehen wir uns nun an, was auf Alexejs Uhr geschieht, während unsere Uhr normal weiter tickt. Dafür versuche ich erst einmal unsere Abb. 10 mit dem neuen Szenario „Überlichtgeschwindigkeit" nachzuzeichnen.
Ich schaue, wie in Abb. 10, an welcher Stelle unser Simultanraum nach einer unserer Sekunden Alexejs Zeitachse schneidet.

Da ich noch nicht weiß, wie viele Sekunden an dieser Stelle angezeigt werden müssen, schreibe ich dort erst einmal x Sekunden' (Abb.18). Dann zeichne ich, entsprechend Abb. 10, Alexejs Simultanraum zu diesem Zeitpunkt ein und prüfe, wo dieser meine Zeitachse schneidet (Punkt P in Abb. 18).

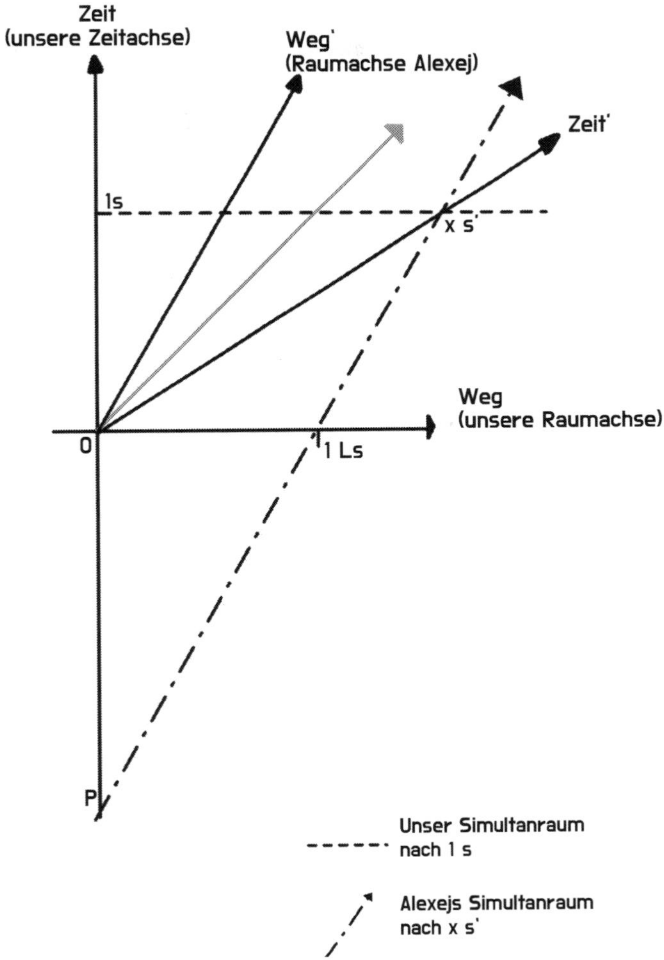
Zeit
(unsere Zeitachse)
Weg'
(Raumachse Alexej)
Zeit'
1s
x s'
Weg
(unsere Raumachse)
0
1 Ls
P
Unser Simultanraum
nach 1 s
Alexejs Simultanraum
nach x s'

Abb. 18

Wenn bei uns eine Sekunde vergangen ist, sieht Alexej auf unserer Uhr tatsächlich eine Uhrzeit, die vor seinem Abflug liegt (Punkt P).
Das wiederum bedeutet, dass wir auf Alexejs Uhr eigentlich auch eine Zeit sehen müssten, die vor seinem Abflug liegt, weil wir uns für ihn ja auch mit Überlichtgeschwindigkeit bewegen und das erste Postulat seine Gültigkeit behalten muss.
Demnach müssen wir Alexejs Zeitachse umdrehen, damit der Schnittpunkt bei x s‘ vor Alexejs Abflug liegt (Abb. 19). Wir wissen jetzt, dass x also eine negative Zahl ist.

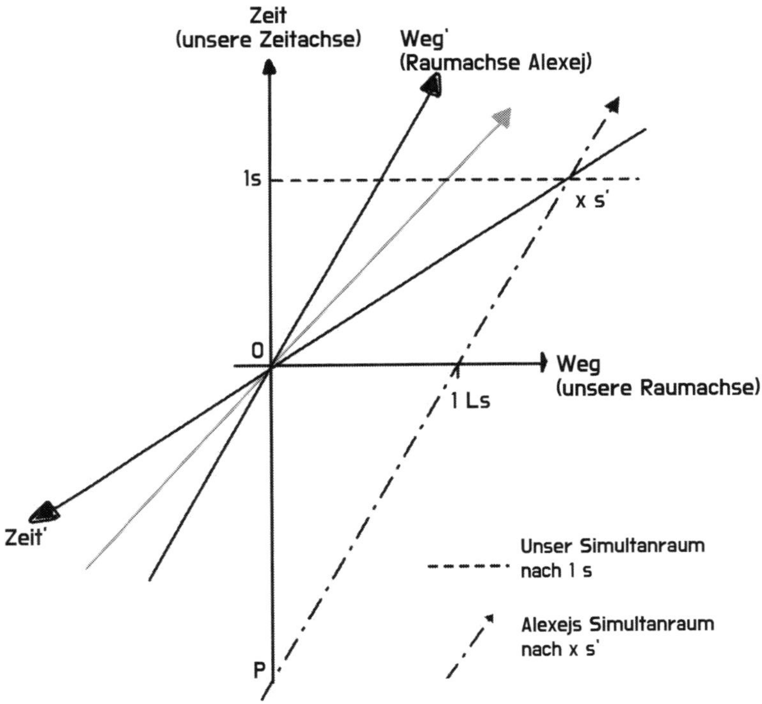

Zeit
(unsere Zeitachse)
Weg'
(Raumachse Alexej)
1s
x s'
0
Weg
(unsere Raumachse)
1 Ls
Zeit'
P
Unser Simultanraum
nach 1 s
Alexejs Simultanraum
nach x s'

Abb 19

Nach einer unserer Sekunden sehen wir, dass bei Alexej eine negative Anzahl an Sekunden vergangen ist. Alexej scheint sich tatsächlich rückwärts durch die Zeit zu bewegen.
Nach dem ersten Postulat muss unsere Uhr aus seiner Sicht aber auch rückwärts laufen.
Dafür zeichnen wir einen seiner Simultanräume in das Diagramm ein, der für ihn nach seinem Abflug am Nullpunkt liegt und sehen, wo er unsere Zeitachse schneidet (Abb. 20).

Abb. 20

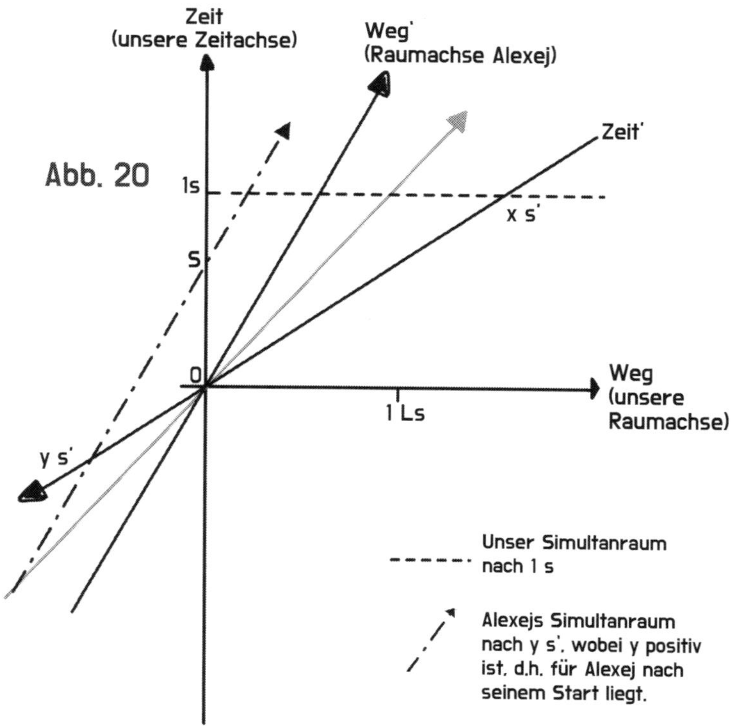

Zu unserem Unglück liegt dieser Schnittpunkt (S) mit unserer Zeitachse keineswegs vor Alexejs Abflug am Nullpunkt, sondern danach.

Das heißt, wir kommen an einen Widerspruch.

Wenn eine Menge an Aussagen zu einem Widerspruch führt, dann können nicht alle Aussagen zugleich wahr sein.

In unserem Fall widerspricht die Aussage, dass es etwas gibt, was sich schneller als das Licht bewegt, den beiden Postulaten der speziellen Relativitätstheorie.

Deshalb können wir schlussfolgern, dass aus der speziellen Relativitätstheorie folgt, dass sich wirklich gar nichts schneller als das Licht fortbewegen kann. Das ist logisch unmöglich.

Die allgemeine Relativitätstheorie

2

Neben der oben beschriebenen Zeitdilatation bei hohen Geschwindigkeiten gibt es noch zwei andere bekannte Effekte die die Relativitätstheorie voraussagt.
Zum einen die Zeitdilatation in Gravitationsfeldern, aufgrund welcher Uhren in der Nähe einer Gravitationsquelle langsamer laufen als solche, die weiter weg sind.
Zum anderen die gravitative Rotverschiebung, aufgrund der Licht aus der Nähe einer Gravitationsquelle röter aussieht.
Beide Effekte benötigen ein Konzept für die Gravitation, welches wir im Rahmen der speziellen Relativitätstheorie noch nicht eingeführt haben.

Wir benötigen dafür ein zusätzliches Postulat aus der allgemeinen Relativitätstheorie, nämlich das Äquivalenzprinzip, welches im Folgenden beschrieben wird.

Die allgemeine Relativitätstheorie bietet zudem noch eine komplette Erklärung für die Gravitation, welche ohne mysteriöse Fernwirkungen auskommt, und trifft viele andere Voraussagen, die alle experimentell bestätigt wurden und Technologien, wie die satellitengesteuerte GPS-Navigation erst ermöglichen. Die bekanntesten Voraussagen wollen wir uns im Folgenden ansehen.

2.1 Gravitative Zeitdilatation

Zum Verständnis der gravitativen Zeitdilatation, also dem Effekt, dass Uhren in der Nähe einer Gravitationsquelle langsamer laufen, betrachten wir zunächst die uns schon bekannten Inertialsysteme.

In unserem Inertialsystem I ruht ein langes Raumschiff mit einem Beobachter am Bug und einem Beobachter am Heck des Raumschiffs. Jeder der beiden Beobachter hat eine Uhr bei sich.

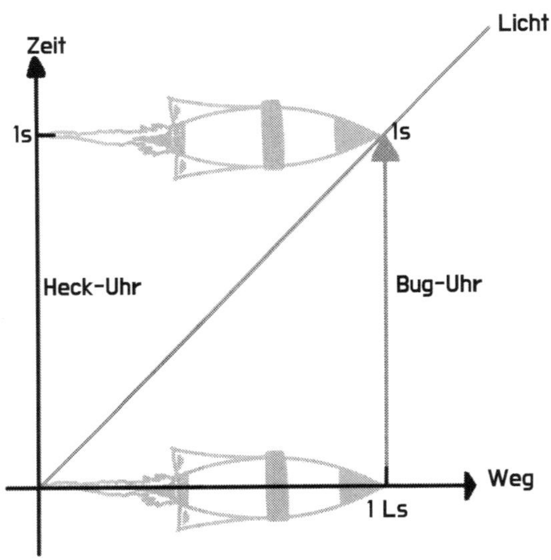

Abb. 21

Es überrascht nicht, dass nach 1s beide Uhren 1s anzeigen (siehe Abb.21).
Da wir bereits wissen, dass sich nach dem ersten Postulat alle Inertialsysteme gleich verhalten, ist es ebenso wenig überraschend, dass dies auch für ein Raumschiff gilt, welches sich relativ zum ersten Raumschiff gleichförmig bewegt: Beide Uhren an Bord zeigen auch dort immer eine übereinstimmende Zeit (Abb. 22).
Wie üblich nennen wir das Inertialsystem des zweiten Raumschiffs I'.

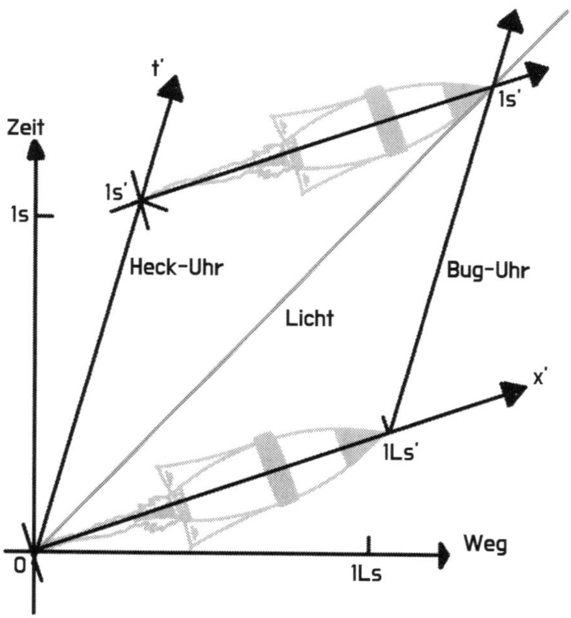

Abb. 22

Nun beschleunigt unser erstes Raumschiff, so dass es nach einer Sekunde genauso schnell ist, wie das zweite. Das heißt, es startet in Ruhe in I und bewegt sich nach einer Sekunde relativ zu I aber ruht in I‘ (siehe Abb. 23).

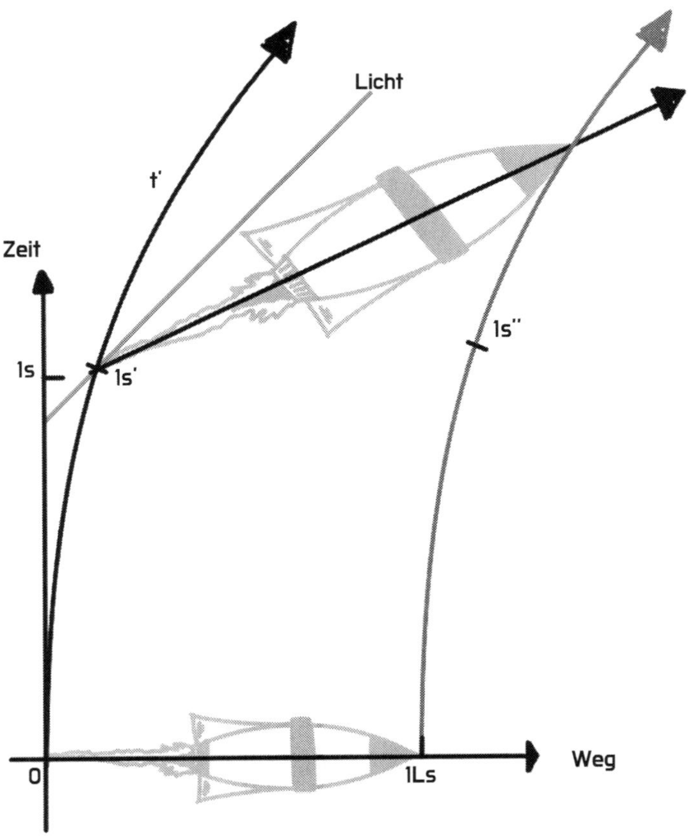

Abb. 23

Das bedeutet auch, dass sich nach einer Sekunde der Simultanraum des beschleunigten Raumschiffes verschoben hat, so dass, wenn für den Beobachter hinten am Heck des Schiffs eine Sekunde vergangen ist, aus seiner Perspektive mehr als eine Sekunde vorn im Bug vergangen ist.
Die Uhr im Bug zeigt dann auch mehr als eine Sekunde an. Um dies zu verdeutlichen, wurden in Abbildung 23 die Sekunden der Uhr am Heck mit s‘ bezeichnet, während die Sekunden der Uhr am Bug mit s“ bezeichnet wurden.
Vom Heck aus gesehen, geht also die Uhr am Bug schneller.

Wie verhält es sich nun andersherum?

Der Beobachter am Bug hat dieselbe Drehung seines Simultanraums in der Zeit erfahren. Wenn seine Uhr 1s“ anzeigt, sind am Heck aus seiner Sicht aber noch keine Sekunde‘ vergangen (siehe Abb. 24). Auch aus Sicht des Beobachters am Bug ist auf der Uhr am Heck weniger Zeit vergangen, als auf seiner eigenen.
Die Beobachter sind sich auf einem beschleunigten Raumschiff also einig, dass die Zeit hinten am Heck langsamer fließt, als vorne am Bug.

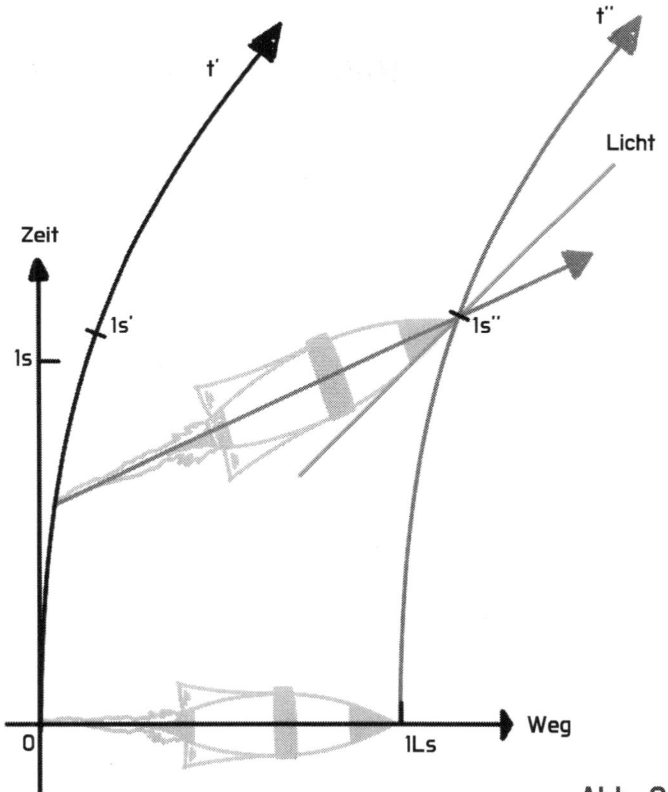

Abb. 24

Die allgemeine Relativitätstheorie stellt nun, wie gesagt, ein drittes Postulat auf, nämlich, dass Beschleunigung und Gravitation dasselbe sind.
Das heißt, dass die Kraft, die einen in einem beschleunigenden Auto in den Sitz drückt, experimentell von der Gravitationskraft, die einen am Boden hält, nicht unterscheidbar ist.

Einstein untersuchte dies in einem Gedankenexperiment, in welchem sich ein Fahrstuhl im freien Fall befindet. Dieser Fahrstuhl würde aufgrund der Schwerkraft der Erde beschleunigen. Weil aber alle Objekte im Fahrstuhl gleich stark beschleunigt würden, fühlt es sich im Fahrstuhl an, als wäre man schwerelos[10].

10 Dies wird als schwaches Äquivalenzprinzip bezeichnet, welches besagt, dass die Beschleunigung aller Objekte im freien Fall gleich ist. Sie hängt nur von der Schwerkraft des Körpers ab, auf den sie fallen, nicht aber von ihrer eigenen Masse. Auf der Erde beträgt diese Beschleunigung 9,81 m / s2 für jedes Objekt im freien Fall.

Die Gültigkeit des schwachen Äquivalenzprinzips wird sofort klar, wenn man sich ein schweres Objekt vorstellt, welches an ein leichteres Objekt geklebt ist.
Nehmen wir dafür an, dass das schwache Äquivalenzprinzip falsch ist und z.B. schwerere Objekte fallen schneller als leichtere. Dann müsste das leichte Objekt das schwere in seiner Bewegung hemmen, wodurch die beiden zusammengeklebten Objekte langsamer wären als das schwere Objekt allein.

Auf der anderen Seite kann man die beiden zusammengeklebten Objekte als ein Objekt auffassen, welches z.T. aus Klebstoff besteht. Dieses Gesamtobjekt wäre noch schwerer als das schwere Objekt allein. Daher müsste das Gesamtobjekt schneller fallen als das schwere Objekt allein.
Dies ist offensichtlich ein Widerspruch zum davor geschlussfolgerten Ergebnis, dass das Gesamtobjekt langsamer fällt.
Wir können aus diesem Widerspruch schließen, dass das schwache Äquivalenzprinzip stimmen muss, d.h. dass Objekte im freien Fall unabhängig von ihrem Gewicht gleich beschleunigt werden.
Aus diesem Grund fällt der frei fallende Aufzug jederzeit mit der gleichen Geschwindigkeit wie die darin befindlichen Objekte. Anwendungen dieses Prinzips sind sog. Parabelflüge, in denen Astronauten für die Schwerelosigkeit üben.

Ein Beobachter im Fahrstuhl hätte bis zum Aufprall gar keine Möglichkeit herauszukriegen, ob er sich in einem Gravitationsfeld im freien Fall befindet oder ob gar kein Gravitationsfeld um ihn herum existiert und er weit von der Erde entfernt ist.

Umgekehrt hat dieser Beobachter im Fahrstuhl auch keine Möglichkeit herauszufinden, ob er deshalb auf dem Boden des Fahrstuhls steht, weil der Fahrstuhl auf dem Erdboden steht und er die Schwerkraft der Erde fühlt, die ihn mit 9,81m/s2 anzieht, oder weil sich der Fahrstuhl auf einem Raumschiff befindet, welches mit 9,81m/s2 beschleunigt.

Wenn es also keine Möglichkeit gibt zu messen, ob man sich in einem Gravitationsfeld befindet, oder aber beschleunigt wird, dann sind die beiden Effekte für alle praktischen Belange und Messungen gleich. In anderen Worten: Gravitations- und Trägheitseffekte sind äquivalent. Diese Feststellung nennt man das starke Äquivalenzprinzip von schwerer und träger Masse. Es wurde von Albert Einstein im Jahr 1907 gefunden.

In unserem beschleunigten Raumschiff oben, fühlt es sich so an, als würde eine Schwerkraft in Richtung Heck wirken.

Der Beobachter im Bug des Raumschiffs hat das Gefühl, er wäre oben und könnte zum Heck hinunter fallen. Der Beobachter im Heck fühlt sich so, als wäre er unten und müsste zum Bug hochklettern.

Wenn nun also Gravitation und Beschleunigung essentiell dasselbe sind, dann folgt daraus, dass auch in einem Gravitationsfeld, wie z.B. dem der Erde, genau wie beim beschleunigten Raumschiff, die Uhr des Beobachters, der sich weiter unten befindet, langsamer geht als die Uhr desjenigen Beobachters, der sich weiter oben befindet.

Wenn nun im Raumschiff und auf der Erde der Beobachter unten zum Beobachter oben hochspringt, dann beschleunigt er sich dabei auf eine Geschwindigkeit, die gerade so ausreicht, um oben anzukommen bevor die Beschleunigung (der Erde oder des Raumschiffs) seine höhere Geschwindigkeit nach oben aufgeholt hat.

Nachdem der springende Beobachter den Boden verlassen hat, wird er nicht mehr beschleunigt bis er sich im neben dem oberen Beobachter in Ruhe befindet und sich daher dann die Zeit beider Beobachter gleich verhält.
Weil der springende Beobachter auf dem Weg nach oben nicht weiter beschleunigt wird, befin-

det er sich in einem Inertialsystem. Also ändert sich auch die „Geschwindigkeit mit der seine Zeit fließt“, also die Einteilung und Ausrichtung seiner Zeitachse nicht mehr.
Deshalb ist die Zeitdilatation unmittelbar nachdem der Beobachter unten den Boden verlassen hat für beide Beobachter gleich. Daraus können wir ableiten, wie Geschwindigkeits- und Schwerkraftzeitdilatation zusammenhängen.

Die Geschwindigkeit, die ein Beobachter benötigt, um die gleiche Zeitdilatation wie jemand in der Nähe einer Gravitationsquelle zu erreichen, ist daher dieselbe Geschwindigkeit, die erforderlich ist, um den vertikalen Abstand zwischen den beiden Beobachtern gegen die Beschleunigung oder Schwerkraft zu überwinden.

2.2 Gravitative Rotverschiebung

Um die gravitative Rotverschiebung zu verstehen, schießen wir nun einen Lichtstrahl vom Heck des beschleunigenden Schiffes in Richtung Bug. Beide Beobachter werden, dem zweiten Postulat entsprechend, die Lichtgeschwindigkeit dieses Lichtstrahls mit c = 299792 km/s messen.

Licht ist, wie schon in Kapitel 1 erwähnt, eine elektromagnetische Welle. Die Frequenz des Lichts bestimmt seine Farbe.
Je niedriger die Frequenz, desto röter das Licht und je höher die Frequenz, desto violetter das Licht. Wie wir im letzten Abschnitt gesehen haben, läuft die Zeit im Bug des Raumschiffes schneller als im Heck.
Deshalb empfindet der Beobachter im Bug die Frequenz des vom Heck kommenden Lichtes als niedriger als der Beobachter im Heck. Für den Beobachter im Bug ist das Licht also ins Rote verschoben. Umgekehrt erscheint Licht, welches vom Bug des Raumschiffes kommt, für den Beobachter im Heck ins Blaue, bzw. violette verscho-

ben. Wenn sich nun ein dritter Beobachter parallel zum Licht vom ersten zum zweiten Beobachter bewegt, würde sich die Farbe des Lichtes aus seiner Perspektive nicht verändern.
Dafür würde sich natürlich, wie oben bereits beschrieben, die Geschwindigkeit der von ihm gemessenen Zeit relativ zu anderen Beobachtern ändern.

Wie im letzten Kapitel beschrieben sind die Effekte von Beschleunigung und Gravitation nach dem Äquivalenzprinzip dieselben. Deshalb geschieht dieselbe Rotverschiebung auch im Gravitationsfeld in der Nähe eines schweren Objekts.

2.3 Gravitation

Zur Beschreibung der Gravitation beginnen wir mit den uns schon bekannten Minkowski- Diagrammen. Die senkrechte Zeit-Achse beschreibt, wie gehabt, die Richtung in die alle Dinge unentwegt driften, die Zukunft.
Jedes Objekt, welches sich relativ zum im Diagramm gezeichneten Inertialsystem in Ruhe befindet, bewegt sich von seinem derzeitigen Raumzeitpunkt zum nächsten, der ein wenig weiter in der Zukunft liegt, also im Diagramm ein wenig weiter oben entlang der Zeitachse.
In Abb. 25 habe ich dies durch kleine Pfeile, die von jedem Punkt auf den nächsten Raumzeitpunkt in der unmittelbaren Zukunft zeigen, veranschaulicht.

Jedes Teilchen, das beschleunigt wird, weicht von diesem Pfad ab, da es in dem hier beschriebenen Inertialsystem nicht mehr ruht, sondern sich entlang der Raumachse bewegt.

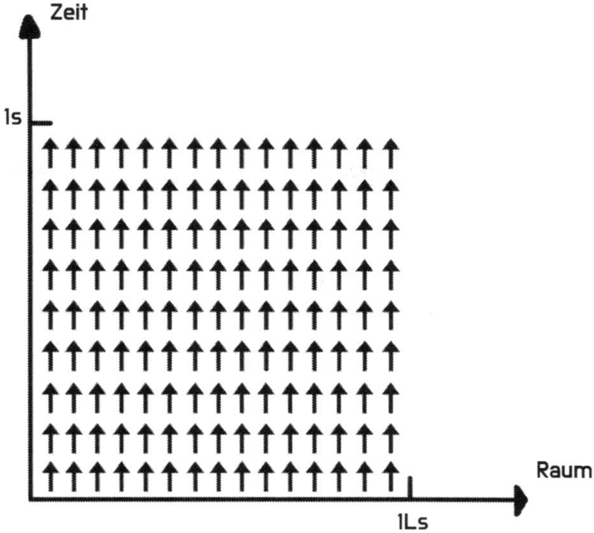

Abb. 25

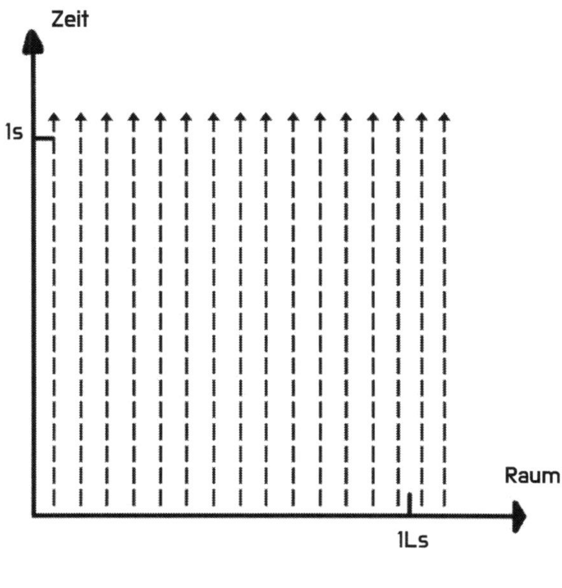

Abb. 26

Um die Zeichnung zu vereinfachen, werde ich die Pfeile durch gestrichelte Linien ersetzen (Abb. 26), die Einstein Geodäten nannte.
Nicht beschleunigte Partikel bewegen sich entlang dieser Geodäten in die Zukunft. Mit anderen Worten, die Weltlinien von Teilchen, die in diesem Inertialsystem ruhen, liegen genau auf den Geodäten.

In unserer alltäglichen Erfahrung kann ein Flugzeug vom Boden abheben und 20000 km in einer geraden Linie fliegen. Ein Beobachter auf dem Mond würde jedoch sehen, dass dasselbe Flugzeug einen Halbkreis beschreibt.
Die Erdoberfläche ist nicht flach und während das Flugzeug auf der Erde in gerader Linie fliegt, folgt es der Erdkrümmung und beschreibt so einen Halbkreis.
Ein mittelalterlicher Ritter, der an die Erdoberfläche gebunden ist und die Kugelform unseres Planeten nicht direkt wahrnehmen kann, kann jedoch immer noch feststellen, dass er, wenn er 40000 km in einer vollkommen geraden Linie in eine beliebige Richtung wandert, immer genau dort ankommt, wo er losgelaufen ist.
Auf diese Weise kann er feststellen, dass die Oberfläche, auf der er lebt, tatsächlich in der dritten Dimension gebogen ist.[11].

In der allgemeinen Relativitätstheorie ist die 4-dimensionale Raumzeit gekrümmt und die allgemeine Relativitätstheorie beschreibt, wie schwere Objekte diese Raumzeit krümmen.

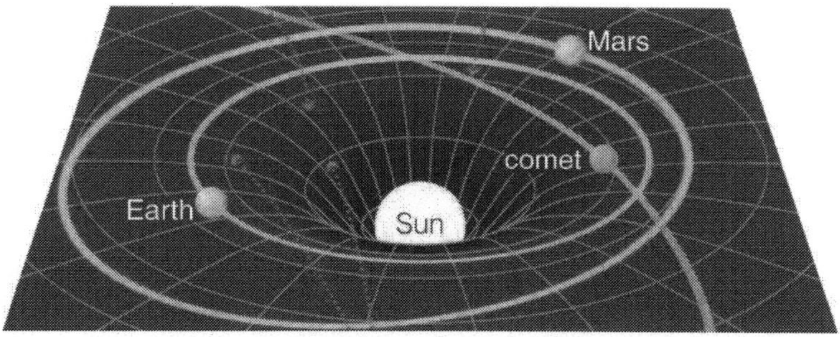

(https://bertalsblog.blogspot.com/2017/08/raumzeit-kontinuum-gravitation- und.html?m=0)

Abb. 27

11 Es gibt selbstverständlich auch andere Methoden, die kein vollständiges Umrunden der Erde erfordern.
So könnten ein paar Ritter von einem gemeinsamen Startpunkt aus (z.B. dem Nordpol) jeweils z.B. 10000 km weit in verschiedene Richtungen laufen (bis zum Äquator).
Wenn alle angekommen sind, läuft ein Ritter einmal um den Kreis, auf dem die Ritter jetzt stehen und misst wie lang dieser ist. Auf der Erde wäre er ca. 40000 km lang, was kürzer ist, als der Umfang des Kreises nach der Kreisformel „Umfang = π * Durchmesser“. Bei einer flachen Erde hätten wir einen Umfang von π * 20000 km = 62832 km.
Selbstverständlich funktioniert dieses Experiment auf der Erde auch schon wenn die Ritter nur 1000 km weit ausschwärmen. Je weniger weit die Ritter laufen, desto genauer müssen sie aber messen um die Krümmung der Erde festzustellen.

Wie der Raum und massereiche Objekte mit einander wechselwirken wird oft durch ein elastisches Tuch veranschaulicht, in welches eine schwere Kugel gelegt wird und wodurch das Tuch trichterförmig verformt wird (Abb. 27).
Wenn man dann eine kleinere Kugel auf das Tuch wirft, dann zwingt die Trichterform des Tuchs die kleine Kugel auf eine Umlaufbahn um die große Kugel.

Dies ist eine großartige Darstellung des darunterliegenden Sachverhalts, weil unmittelbar klar wird, dass sich die Geometrie des Raumes aufgrund der Anwesenheit der schweren Kugel ändert und dass es das Gewicht ist, welches diese Änderung herbeiführt.
Zudem wird auch klar, dass diese Änderung dafür verantwortlich ist, dass sich die kleine Kugel durch die Krümmung des Raumes auf einer Umlaufbahn um die große Kugel bewegen wird.

Ein Nachteil dieser Darstellung ist, dass sie darauf beruht, dass das Tuch nicht nur durch die Masse der Kugel, sondern auch durch die implizit angenommene Erdanziehungskraft, welche die Kugel in das Tuch zieht, verformt wird.
Da die Erdanziehungskraft durch diese Analogie nicht aus dem Model entfernt wird, ist das Model nicht ausreichend, um den Sachverhalt wirklich zu erklären.

Deshalb wollen wir im Folgenden die Verformung des Raumes dichter an der eigentlich stattfindenden Verformung halten und diese in den uns bereits bekannten Minkowski- Diagrammen darstellen.
Aus dem Modell mit dem Tuch wollen wir jedoch im Hinterkopf behalten, dass es die Anwesenheit einer Masse ist, die den Raum verzerrt.

Wir fügen daher zu unserem Diagramm aus Abb. 26 ein schweres Objekt hinzu, wie z.B. die Erde. Da die Erde, wie alles andere auch, in die Zukunft reist, hat sie hier die Form eines 4- dimensionalen Zylinders.
In unserem vereinfachten Fall mit nur einer statt 3 Raumdimensionen sieht das Ganze dann so aus, wie in Abb. 28.

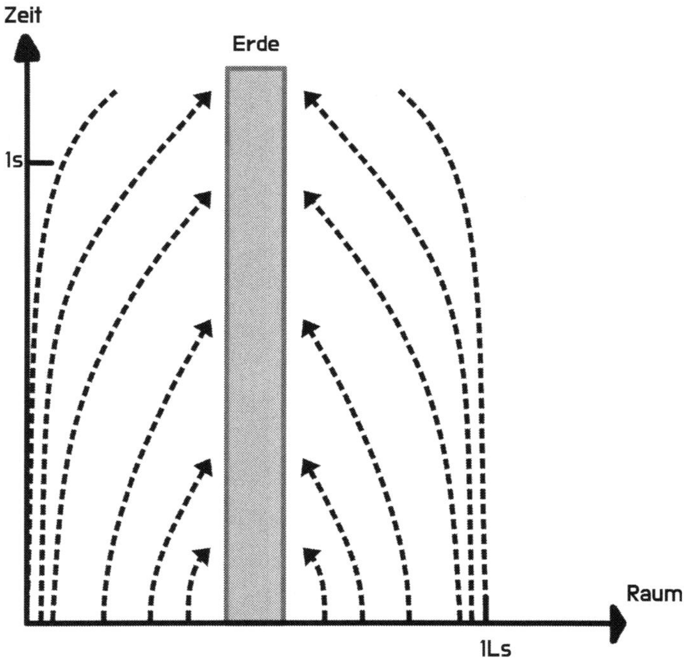

Abb. 28

Wie wir sehen können, krümmen sich die Geodäten jetzt in Richtung des schweren Objekts. Das bedeutet, dass die Weltlinien nicht beschleunigter Teilchen zur Erde führen, wenn die Raumzeit auf diese Weise gekrümmt wird.
Unbeschleunigte Teilchen in Nähe der Erde werden sich also in Richtung Erde bewegen.

Auf diese Weise haben wir einen Gravitationseffekt beschrieben, der ohne eine mysteriöse Kraft funktioniert, die über lange Strecken durch den leeren Raum berührungsfrei wirkt.
Stattdessen bewegen sich alle unbeschleunigten Teilchen schwerelos entlang der Krümmung der Raumzeit und treffen schließlich auf die Erdoberfläche.

Die Geodäte hört auch nicht an der Erdoberfläche auf, sondern setzt sich unter der Oberfläche fort. Dies bedeutet, dass der nächste natürliche Raum-Zeit-Punkt für ein nicht beschleunigtes Objekt an der Erdoberfläche eben unter der Oberfläche liegen würde.
Nur die Erdoberfläche steht Objekten im Weg, die ihrer natürlichen Bahn durch die gekrümmte Raumzeit folgen.
Dies ist der Druck, den der Stuhl, auf dem wir sitzen auf unsere Oberschenkel ausübt.

Ohne diesen Druck, bzw. diese Beschleunigung würden wir uns auf natürliche Weise weiter entlang der Geodäten in Richtung Erdmittelpunkt bewegen.
Der Stuhl, auf dem wir sitzen, beschleunigt uns ständig nach oben und wir spüren unsere Trägheit, die versucht, uns auf unserer Geodäte zu halten. So wird sofort klar, warum die Gewichtskraft eines Körpers tatsächlich genau der Kraft entspricht, die zum Beschleunigen erforderlich ist. Die beiden Kräfte sind in der Tat dasselbe.

Das bedeutet, dass die Schwerkraft keine reelle Kraft ist. Sobald wir von der Erdoberfläche hoch springen, sind wir sofort schwerelos und es gibt keine Gravitationskraft, die uns wie ein unsichtbares langes Gummiband wieder zurück zum Erdboden zieht.
Wir schweben sofort frei durch die Raumzeit wie ein Astronaut - bis uns die Erdoberfläche wieder im Weg ist und uns entgegen unserem natürlichen Weg entlang der Geodäte nach oben beschleunigt.

Analog ist die Erdkrümmung eben auch keine Kraft, die das in gerader Linie fliegende Flugzeug oder die ausschwärmenden Ritter auf eine kreisförmige Bahn um die Erdoberfläche zwingt, es ist vielmehr die Form der Erde, die den Begriff von „vorne“ verbiegt und so dazu führt, dass der Rit-

ter nach seiner 40000 km langen Reise eben wieder zu Hause ankommt.
Genauso verbiegt die Krümmung der Raumzeit der allgemeinen Relativitätstheorie den Begriff von „zukünftig“ auf eine Weise, dass diese immer auf nahe gelegene schwere Objekte zeigt.

2.4 Schwarze Löcher

Schwarze Löcher sind Objekte, deren Schwerkraft innerhalb eines kugelförmigen Bereichs, der Schwarzschild-Radius genannt wird, so stark ist, dass selbst Licht ihr nicht mehr entweichen kann. Schwarze Löcher entstehen, wenn besonders massereiche Sterne am Ende ihres Lebens kollabieren.

Die Schwerkraft ist im Falle eines schwarzen Lochs durch die hohe Masse und Dichte des kollabierenden Sterns stärker als alle atomaren Kräfte, die die Teilchen davon abhalten alle am selben Ort zu sein. Daher fällt der Stern bis auf einen Punkt zusammen, weil es keine uns bekannte physikalische Kraft gibt, die ihn davon abhalten könnte[12].

Dieser Punkt wird eine Singularität genannt.

12 Vertreter der Loop-Quantum Gravity oder Quantum Holonymy würden hier sagen, dass es eine Minimalgröße gibt, die selbst von Singularitäten in einem schwarzen Loch nicht unterschritten werden kann, dies ist aber Teil der Quantenphysik und hat keinen Einfluss auf die nun folgenden Gedanken.

Anmerkung: Der aufmerksame Leser wird bereits einen entscheidenden Formfehler entdeckt haben. Wie oben beschrieben, gibt es ja gar keine Schwerkraft in diesem Sinne, sondern nur eine Raumkrümmung.

Es ist also die physische Krümmung der Raumzeit, die das Licht im schwarzen Loch hält, oder einschließt. Abbildung 29 zeigt zwei dazu passende Geodäten.

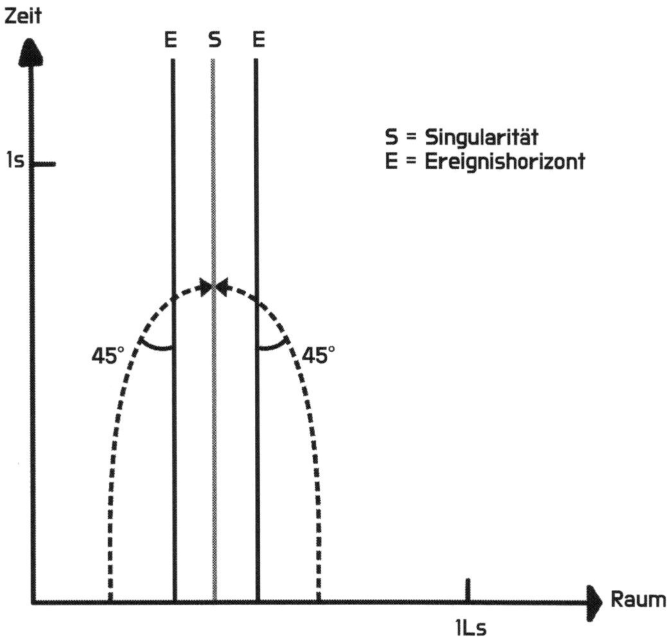

Abb. 29

Am Ereignishorizont, dem kugelförmigen Bereich, wo der Raum so stark gekrümmt ist, dass kein Licht entweichen kann, hat die Geodäte einen Eintrittswinkel von 45° und ist damit parallel zur Ausbreitungsrichtung des Lichts in einem Minkowski-Raum.

Während es aus Sicht des kollabierenden Sterns einfach ist, den Entstehungsablauf eines schwarzen Lochs zu beschreiben, stellt sich aus der Sicht eines externen Beobachters die Frage, wann das Ganze geschieht.
Wie wir aus unseren obigen Überlegungen zum Thema der gravititativen Zeitdilatation ableiten können, sieht ein Beobachter in größerer Entfernung von der Gravitationsquelle des schwarzen Lochs eine Uhr in der Nähe des schwarzen Lochs langsamer laufen.
Wir haben auch festgestellt, dass man sich mit der Fluchtgeschwindigkeit aus dem Gravitationstrichter relativ zu einer Uhr fernab von Gravitationsquellen bewegen muss, um dieselbe Verlangsamung der Zeit auf ihr abzulesen, wie in der Nähe der Gravitationsquelle.
Die Fluchtgeschwindigkeit ist die mindeste Geschwindigkeit, mit der man ein Objekt, z.B. einen Stein, nach oben werfen muss, damit er nicht wieder in den Gravitationstrichter herunterfällt.

Weil direkt über dem Ereignishorizont gerade die Lichtgeschwindigkeit ausreicht, um der Gravitation zu entkommen, folgt, dass die Zeit am Ereignishorizont stehen bleibt.

Objekte, die in das schwarze Loch hineinfallen, fallen deshalb aus Sicht eines weiter vom Loch entfernten Beobachters immer langsamer hinein, bis sie in unendlich langer Zeit dann den Ereignishorizont erreichen, wo sie einfach stehen bleiben.
Wie wir außerdem oben gefolgert haben, wird dabei das Licht, welches uns von diesem Objekt erreicht, immer weiter ins Rote verschoben und immer dunkler werden, weil ja aus der Ferne gesehen immer weniger Lichtteilchen pro Sekunde vom Objekt reflektiert oder emittiert werden.

Dasselbe gilt natürlich auch für die Oberfläche des kollabierenden Sterns.
Da wir uns außerhalb des Ereignishorizontes befinden, ist der nämlich aus unserer Sicht noch nicht zu einem Punkt zusammengefallen, sondern seine Oberfläche befindet sich im Moment immer noch am Ereignishorizont.

Betrachten wir die Situation aus der Sicht eines ins schwarze Loch stürzenden Beobachters, dann stellen wir (außer extremen Tiden-Kräften, die uns in Stücke reißen) am Ereignishorizont nichts Besonderes fest.
Die Oberfläche des kollabierenden Sterns ist aus der Sicht des stürzenden Beobachters ja lange vor ihm ins schwarze Loch gefallen.

Das Licht des Sterns kann auch den stürzenden Beobachter nicht mehr erreichen, da es sich dichter an der Singularität befindet als der Beobachter selbst. Licht, welches dichter an der Singularität dran ist, wird in die Singularität hinein beschleunigt und kann deshalb nicht einmal von dem Beobachter gesehen werden, der gerade den Ereignishorizont passiert hat.
Deshalb würde dieser Beobachter in (aus seiner Sicht) endlicher Zeit in die Singularität fallen und auch den Stern nicht mehr zu Gesicht bekommen.

Es drängt sich nun die Frage auf, ob nun die Zeit im Inneren des Ereignishorizontes rückwärts läuft. Das liegt deshalb nahe, weil sie ja außerhalb des Ereignishorizontes „vorwärts“ läuft und am Ereignishorizont still steht.

Eine andere Idee, die die Minkowski-Diagramme nahelegen ist, dass die Zeit und die Raumachse vertauscht sind.
Wie schon in den Ausführungen zu Reisen oberhalb der Lichtgeschwindigkeit Kapitel 1.5 beschrieben, lässt sich kein logisch widerspruchsfreies Bild mit Reisen oberhalb der Lichtgeschwindigkeit erreichen. Auf gleiche Weise macht es aus meiner Sicht keinen Sinn, den Zeitablauf einer Uhr innerhalb des Ereignishorizontes aus der Sicht eines Beobachters außerhalb des Ereignishorizontes zu beschreiben.

Ähnlich der Frage, welche Uhrzeit es gerade auf dem Jupiter ist, fehlt im Fall des schwarzen Lochs eben auch der passende Referenzrahmen, um die Frage nach der Zeit mit Sinn zu füllen.
Prinzipiell kann niemand außerhalb des Ereignishorizontes irgendetwas innerhalb des Ereignishorizontes beobachten.
Dies ist physikalisch unmöglich. Deshalb lässt sich die Frage, was passieren würde, wenn man es doch täte, eben nicht sinnvoll beantworten.

2.5 Gravitationswellen

Im Kapital 2.3 haben wir gesehen, wie massereiche Objekte den Raum krümmen.
Im Kapitel 1.5 haben wir außerdem festgestellt, dass sich nichts schneller als das Licht durch den Raum bewegen kann.
Wenn sich nichts schneller als das Licht bewegt, dann kann es keine Möglichkeit geben, von einem Ereignis zu erfahren, bevor uns Licht von diesem Ereignis erreicht hat.

Stellen wir uns vor, die Sonne würde plötzlich verschwinden. Mit ihr würde auch die Gravitation der Sonne verschwinden und die Erde und die anderen Planeten würden nicht mehr um die Sonne kreisen.
Das Licht der Sonne braucht etwas mehr als 8 Minuten, um von der Sonne zur Erde zu gelangen. Wir würden also erst 8 Minuten später davon erfahren, dass die Sonne verschwunden ist.
In diesen 8 Minuten würde demnach die Erde weiterhin um die (nicht mehr vorhandene) Sonne kreisen.

Solange das Licht uns noch nicht erreicht hat, kann es ja auch für die Erde nicht möglich sein herauszufinden, dass die Sonne verschwunden ist. Die Gravitation breitet sich nämlich auch mit Lichtgeschwindigkeit aus.

Zum Zeitpunkt des Verschwindens der Sonne breitet sich von ihrem letzten Aufenthaltsort ausgehend nicht nur Dunkelheit, sondern auch die verschwundene Gravitation aus.
Nach knapp 3,5 Minuten würde die Dunkelheit den Merkur erreichen und der Merkur würde aufhören, um die Sonne zu kreisen.
Die Erde wüsste von alledem nichts und würde weiter ihre Bahn um die Sonne ziehen. Nach ca. 6 Minuten wäre dann auch die Venus aus dem Gravitationstrichter der Sonne befreit und zwei Minuten danach die Erde.
Diese wellenartige Ausbreitung der Gravitation ist eine Gravitationswelle.

Nicht nur das Verschwinden, sondern auch die Bewegung der Sonne durch den Raum verändert ihre Gravitation, nämlich den Ort, von dem die Gravitation ausgeht.

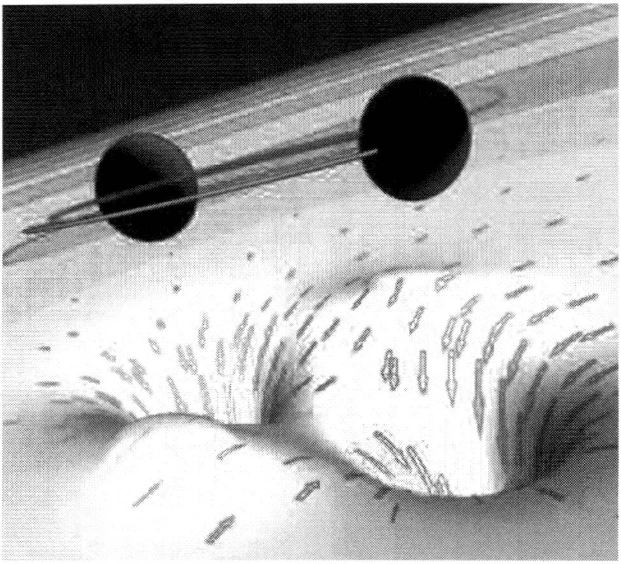

https://pegasus.isi.edu/2016/02/11/pegasus-powers-ligo-gravitational-waves-%20detection-analysis/

Abb. 30

Da sich die Sonne immerzu durch den Raum bewegt, z.B. um das Zentrum der Milchstraße, kreist die Erde genau genommen gar nicht um die Sonne, sondern um den Ort, an dem die Sonne vor 8 Minuten war.
Natürlich ist dieser Unterschied recht klein.

Wenn man aber zwei sehr schwere Objekte findet, wie zum Beispiel zwei schwarze Löcher, die um einander kreisen, dann haben sie einen rotierenden nicht ganz runden Gravitationstrichter (Abb. 30).

Wenn die Richtung stimmt, aus der wir diese Objekte beobachten, ist abwechselnd eines der beiden Objekte näher an uns dran und überdeckt das andere.
In diesem Moment ist die Gravitation, die bei uns ankommt, ein kleines bisschen stärker.
Wenn die Objekte nur schnell genug um einander kreisen, können wir diese Gravitationswelle messen[13].

13 Wenn die Objekte zu langsam um einander kreisen ist es einfach schwerer die Gravitationswelle der Objekte festzustellen weil ihre Wellenlänge zu groß ist.
Genau wie ein Boot auf hoher See einen Tsunami nicht sehen kann, weil diese Welle hunderte Kilometer lang ist, kann unser Gravitationswellendetektor LIGO keine sehr langen Gravitationswellen sehen.

Wenn schwarze Löcher, die um einander kreisen, mit einander verschmelzen, kommen sie sich dabei sehr nahe. Weil ihr Drehimpuls dabei erhalten bleibt, kreisen sie umso schneller um einander, je dichter sie einander kommen.
Das ist derselbe Effekt, den auch Eiskunstläufer nutzen, die ihre Arme ganz eng am Körper halten, um sich beim Sprung schneller um ihre Längsachse drehen zu können.

Deshalb sind verschmelzende schwarze Löcher so gut für Messungen von Gravitationswellen geeignet, weil die Veränderungen der Gravitation, bzw. der Raumkrümmung, immer schneller wird, bis unsere Messinstrumente diese Veränderungen messen können.

Die Zeit und unser Schicksal

3

Bisher haben wir die Raumzeit immer als Minkowski-Diagramm mit einer Zeit und - aufgrund der Zweidimensionalität des Papiers auf dem ich schreibe – einer Raumdimension gezeichnet.
Implizit haben wir angenommen, dass die Vergangenheit und die Zukunft Punkte derselben Raumzeit sind, in welcher sich auch die Gegenwart befindet.
Als fühlende und entscheidende Wesen ist es jedoch vielleicht sinnvoll etwas genauer zu schauen, ob wir, als aktive Entscheider die Zukunft mit unseren Taten erschaffen oder ob wir die Zukunft als passive Beobachter eben nur entdecken.

Es gibt drei Szenarien:

Allgemein betrachtet könnten alle Ereignisse, inklusive der Zukunft und der Vergangenheit bereits, wie in Stein gemeißelt, existieren.
Unser gegenwärtiges Erleben spielt für uns in diesem Fall, wie die Abtastnadel einer Schallplatte, nur das Lied oder den Film unseres Lebens für uns ab. Die Zeit entspricht einem linearen Pfeil. Diese Anschauung wird „Blockzeit" oder „Eternalismus" genannt.

Es wäre ebenso gut möglich, dass die Ereignisse in der Zukunft noch nicht existieren und unsere Entscheidungen in der Gegenwart die Zukunft in eine von vielen möglichen Bahnen lenkt.
Dabei sind unsere Entscheidungen nur durch die vorgefertigten bereits unabänderlich gefügten Ereignisse der Vergangenheit eingeschränkt.
Diese Anschauung entspricht unserem alltäglichen Erleben am meisten und wird „Possibilismus" genannt (Abb. 31).

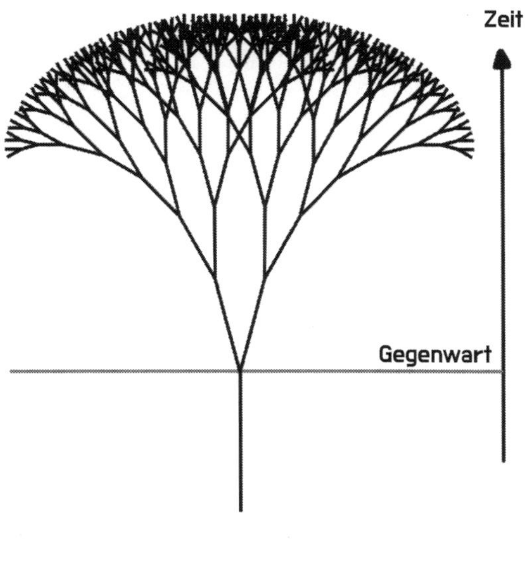

Abb. 31

Weiterhin ist es logisch auch möglich, dass nur die Gegenwart existiert, aber weder die Zukunft, noch die Vergangenheit existieren.
Diese Anschauung wird in der Literatur auch „Präsentismus“ genannt.
In diesem Fall könnte unsere Gegenwart auch aus einer Vielzahl möglicher Vergangenheiten erwachsen sein und es gibt dann keine Möglichkeit, herauszufinden welche dieser Möglichkeiten die „tatsächliche“ Vergangenheit war.
Die Vergangenheit existiert nach dieser Anschauung ja nicht. Ein Blick in die Geschichtsbücher eines Landes vor und nach einem großen politischen Umschwung beschreibt diese Alternative treffend, weil sich die darin beschriebenen Ereignisse der Vergangenheit oft maßgeblich unterscheiden, aber aus beiden Versionen die Gegenwart entstanden sein kann (Abb. 32).

Theoretisch gibt es noch die Möglichkeit, dass es selbst von der Gegenwart viele parallel existierende Instanzen gibt und unser Erleben in allen diesen Gegenwarten getrennt voneinander ist und wir nichts von den anderen parallelen Gegenwarten erfahren können.

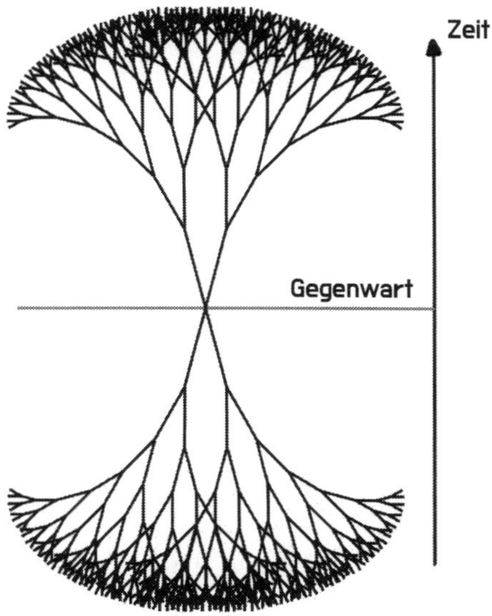

Abb. 32

Dies wird in der Viele-Welten-Interpretation der Quantenmechanik angenommen. Die Viele-Welten-Interpretation behauptet häufig, dass alles was geschehen könnte auch stattfinde[14].

14 Die Viele-Welten-Interpretation (VWI) zieht ihren Reiz aus einem ihr innewohnenden Optimismus. In irgendeiner parallelen Welt sind alle unsere Träume erfüllt worden.
In einer anderen parallelen Welt erfahren wir aber auch unbeschreibliches Elend.
Überzeugte Vertreter der VWI haben tatsächlich einen sicheren Weg zu großem Reichtum zu gelangen, indem sie in großen Gruppen quantenmechanisches Russisch-Roulette spielen, wobei der Gewinner das gesamte Vermögen aller Verlierer bekommt und alle Verlierer sterben. Der Gewinner wird durch einen quantenmechanischen Münzwurf bestimmt, z.B. bekommt jeder ein Plutonium-Atom und Gewinner ist derjenige, dessen Plutonium-Atom als erstes zerfällt.
Alle Teilnehmer überleben nur in den Universen in denen sie gewonnen haben und reich geworden sind.

Die VWI wurde erfunden, um ein Problem der Quantenmechanik zu lösen, welches Erwin Schrödinger in seinem berühmten Gedankenexperiment veranschaulicht, in dem eine Katze in einer Box eingeschlossen ist.
Ein Mechanismus in der Box tötet die Katze falls ein bestimmtes Atom radioaktiv zerfällt. Solange die Box geschlossen ist, ist die Katze zugleich tot und lebendig und das Öffnen der Box (eine Messung) verursacht, dass die Katze tot oder lebendig ist. Es ist schwer zu erklären, wie eine Messung den Zustand der Katze so verändern kann.
Die VWI ersetzt dieses Problem, durch das Problem, dass die Messung nun das gesamte Universum oder zumindest unser Erleben in mehrere Versionen spalten muss – eine mit einer toten und eine mit einer lebendigen Katze.

Insofern gibt es in der Viele-Welten-Interpretation eben auch eine Blockzeit, in der alles bereits vorherbestimmt ist, weshalb diese Variante für unsere Betrachtung lediglich ein Sonderfall des Eternalismus ist. Da wir zudem prinzipiell keine Möglichkeiten haben, von diesen anderen Gegenwarten zu erfahren, sind diese für unser Erleben ebenso wenig relevant, wie die Existenz eines Flaschengeistes, den man nicht sehen, riechen, hören oder auf sonst eine Art und Weise messen oder beschwören kann. Die Viele-Welten-Interpretation ist in allen relevanten Punkten dieser Betrachtung nur ein Sonderfall des Eternalismus. Deshalb werde ich diese Variante nicht gesondert betrachten.

Wie zum Eternalismus, existieren auch zu allen anderen Positionen eine Vielzahl verschiedener Interpretationen, deren Beleuchtung den Rahmen an dieser Stelle sprengen würde.

Welche dieser Anschauungen lässt sich nun mit der Relativitätstheorie vereinbaren?

Sowohl der Präsentismus, als auch der Possibilismus gehen davon aus, dass die Zukunft noch nicht existiert, bzw. ihre Ereignisse zum gegenwärtigen Zeitpunkt noch änderbar sind. Die Gegenwart auf der anderen Seite existiert bereits und kann nicht mehr verändert werden. Der Possibilismus geht sogar noch weiter und behauptet das auch die Vergangenheit existiert und festgelegt ist.

Gehen wir davon aus, dass mit „Gegenwart" in der Relativitätstheorie der Simultanraum gemeint sein könnte. In diesem Fall sähe jemand der abbremst oder seinen Bewegungszustand ändert z. B. so aus, wie in Abb. 33.

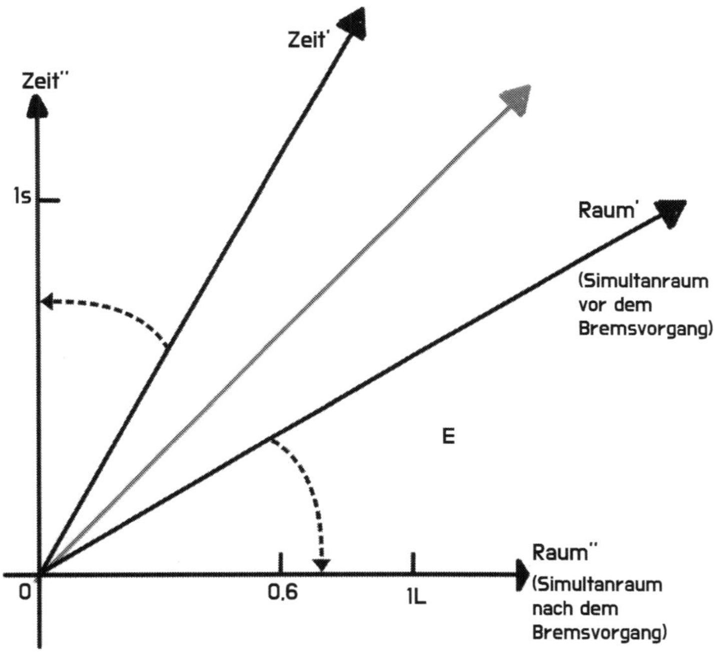

Zeit'
Zeit''
1s
Raum'
(Simultanraum vor dem Bremsvorgang)
E
Raum''
(Simultanraum nach dem Bremsvorgang)
0
0,6
1L

Abb. 33

Der Simultanraum des Beobachters vor dem Bremsvorgang ist die Raum'-Achse.
Das Ereignis E liegt in der Vergangenheit des Beobachters. Nun „bremst" dieser Beobachter so, dass sein Simultanraum die Raum"-Achse wird.
Dadurch liegt das Ereignis E nun in der Zukunft dieses Beobachters. Beliebiges Beschleunigen in verschiedene Richtungen kann Ereignisse somit von der Zukunft in die Vergangenheit eines Beobachters befördern und umgekehrt.
Wenn eine Person am Ereignis E eine Entscheidung trifft, könnte bzw. müsste er diese Entscheidung dann, abhängig davon, wie sich jemand anders bewegt, beliebig oft wiederholen.
Dies wird dadurch schon unmöglich gemacht, dass es viele Beobachter gibt, die sich keineswegs darüber einig sind, ob sich dieses Ereignis E eben zu deren gegenwärtigen Zeitpunkt in deren Zukunft oder Vergangenheit befindet – und damit, ob das Ereignis bereits festgelegt ist oder eben nicht.

Natürlich können wir sofort einwenden, dass die Beobachter ja Ereignisse erst wirklich sehen können, wenn Licht vom Ereignis beim Beobachter angekommen ist.
Wir können behaupten, dass Entscheidungen oder Ereignisse eben erst dann in Stein gemeißelt werden, wenn sie beobachtet wurden.

Das würde bedeuten, dass in Abb. 34 nur die Ereignisse in der grau schraffierten Fläche für den Beobachter, der in diesem Koordinatensystem ruht, bereits passiert und in Stein gemeißelt sein würden.

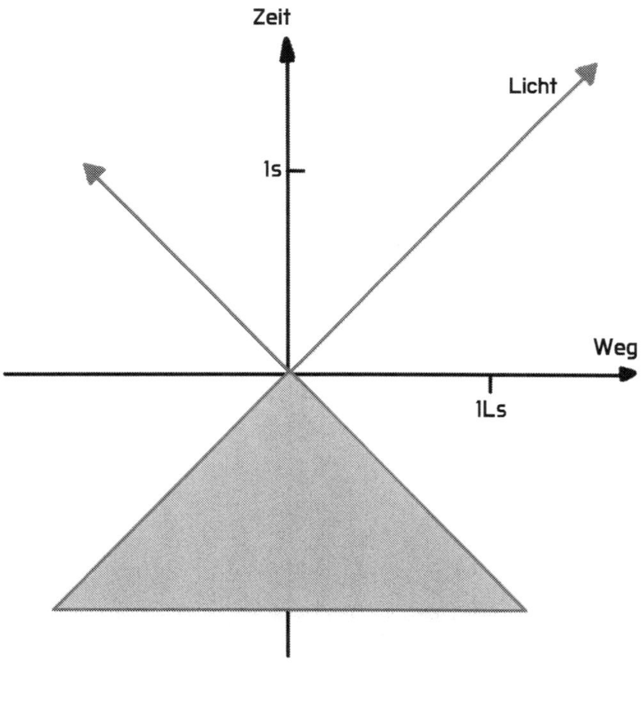

Abb. 34

Wieder haben wir das Problem, dass es für jedes Ereignis viele Beobachter gibt, so dass jedes Ereignis für einige Beobachter in der beobachtbaren Vergangenheit wäre, für andere jedoch in dem Bereich der Raumzeit liegen würde, in dem es eben noch nicht passiert oder festgelegt ist (Abb. 35).

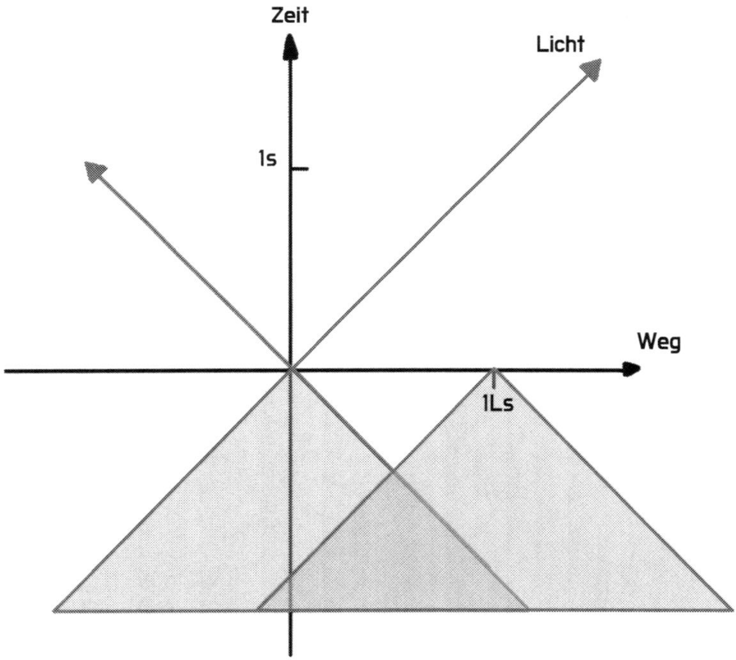

Abb. 35

Man kann versuchen, den Präsentismus und den Possibilismus zu retten, indem ein Ereignis genau an dem Raumzeitpunkt festgelegt wird, an dem es passiert.

Andere Beobachter werden genau in dem Moment über ein Ereignis informiert, an dem das Licht, welches von diesem Ereignis losgeschickt wurde, bei ihnen angekommen ist.

Beobachter, die sich weiter entfernt von dem Ereignis befinden, erfahren demnach später von ihm. Bis das Licht angekommen ist, hat das Ereignis für sie noch nicht stattgefunden.

Näher am Ereignis gelegene Beobachter mögen jedoch bereits vom Ereignis wissen. Weil für alle Beobachter bei allen möglichen Geschwindigkeiten und gravitativen Einflüssen das Licht dieselbe Geschwindigkeit hat, kann jeder Beobachter in diesem Modell von jedem Ereignis genau einmal Kenntnis erhalten.

Weil die Beobachter untereinander Informationen auch nur mit Lichtgeschwindigkeit austauschen können, ergibt sich auch kein Widerspruch zum Präsentismus oder Possibilismus dadurch, dass bestimmte Beobachter Informationen zu einem Ereignis bekommen könnten bevor dieses für sie definiert ist.

Es bleibt jedoch die Frage, wann das Ereignis nun tatsächlich stattgefunden hat und damit im Sinne des Präsentismus und des Possibilismus von der Nicht-existenz in die Existenz übergeht. Es ist verlockend, das folgende Diagramm in Abb. 36 zu zeichnen und zu behaupten, dass jedes Ereignis an seinem Raumzeitpunkt am Rande der Zukunft entsteht und in diesem Moment nicht von anderen Ereignissen abhängt, da alle zeitgleich geschehenen Ereignisse jeweils noch nicht ihr Licht zu einander schicken konnten und damit für einander noch nicht definiert sind. Die Entscheider sind dann frei von Beobachtern, die ihre Entscheidung bereits gesehen haben könnten (Abb. 36).

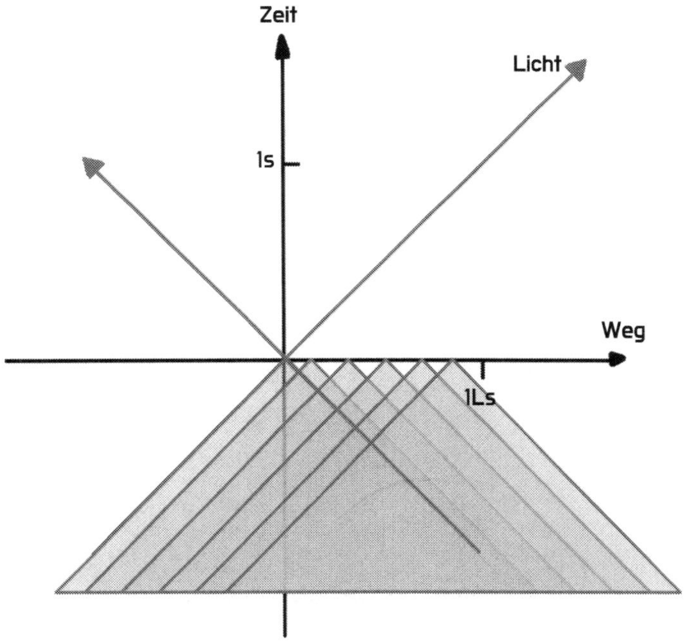

Abb. 36

Dieses Modell basiert jedoch auf der Annahme, dass Ereignisse zeitgleich stattfinden können – damit dann die anderen Beobachter eben zum selben Zeitpunkt noch nicht von diesem Ereignis erfahren haben können. Wie wir in unseren Ausführungen zum Minkowski-Raum gesehen haben, ist Gleichzeitigkeit schon in der speziellen Relativitätstheorie nur abhängig vom Beobachter definiert.

Es gibt keinen globalen Beobachter, der eine größere Richtigkeit seiner Definition von Gleichzeitigkeit für sich beanspruchen könnte, und damit entscheiden könnte, ob etwas bereits geschehen ist, oder nicht.

Ein Beobachter, der sich relativ zu dem Beobachter bewegt, der in Abb. 36 das Koordinatensystem gezeichnet hat, würde diesen Ansatz sofort ad absurdum führen.

In Abb. 37 besitzt der zweite Beobachter die Weg‘ und die Zeit‘ Achse. An wessen Raumachse (Weg oder Weg‘) soll nun dieser entscheidende Übergang vom Nicht-Sein zukünftiger Ereignisse zum Festgelegt-Sein vergangener Ereignisse stattfinden und einen Ort für die Einflussnahme der Entscheider schaffen?

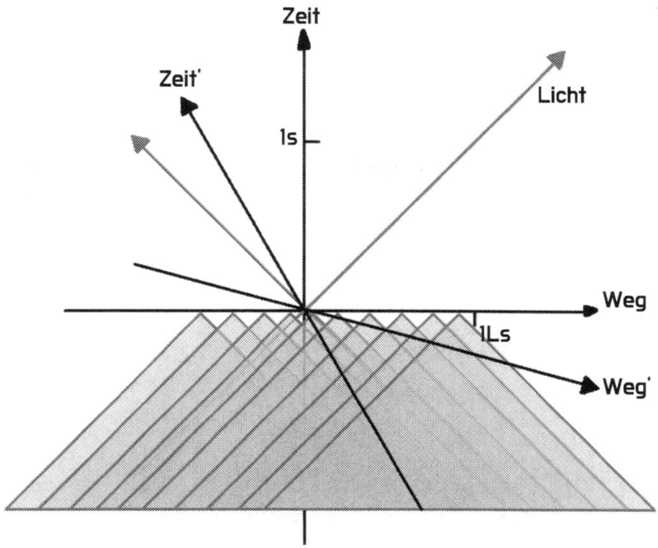

Abb. 37

Egal, wie wir den Zeitpunkt einer Entscheidung, bzw. eines Ereignisses, definieren, scheitern der Präsentismus und der Possibilismus immer daran, dass es schon in der speziellen Relativitätstheorie, und daher auch in der allgemeinen, unmöglich ist, eine Gegenwart zu definieren, die für alle Beobachter gilt, und zu der Ereignisse anfangen festgelegt zu sein. Der Eternalismus hat dieses Problem nicht, weil dort alle Ereignisse schon immer festgelegt sind, und unser Erleben die Blockzeit nur wahrnimmt, sie aber nicht ändern kann.

Weil die allgemeine Relativitätstheorie verschiedenste Krümmungen und Formen der Raumzeit erlaubt, haben Forscher mathematisch Universen untersucht, die auf verschiedenste Arten gekrümmt sind.
Einige von diesen ermöglichen auch Zeitreisen in die Vergangenheit. Die bekannteste Version ist die von Kurt Gödel[15], in der jeder Punkt eine Geodäte zu sich selbst besitzt und damit in seiner eigenen Vergangenheit und Zukunft liegt.
Wenn wir nun eine Blockzeit voraussetzen, sind selbst die Zeitreisen in solchen zirkulären Universen widerspruchsfrei möglich.

Das logische Problem, welches Zeitreisen gewöhnlich mit sich bringen, ist das berühmte Großvater-Paradox, in welchem jemand in die Vergangenheit zurück reist, und dort seinen Großvater vor der Zeugung seines Vaters tötet. Weil der Totschläger nie gezeugt und geboren wird, kann er auch nie in die Vergangenheit reisen. Daher kann die Tötung gar nicht stattfinden. Dies wiederum bedeutet, dass der Totschläger doch geboren wird und seine Zeitreise antreten kann, wodurch seine Geburt wiederum verhindert wird.

15 Kurt Gödel: An Example of a New Type of Cosmological Solutions of Einstein's Field Equations of Gravitation, Rev. Mod. Phys., Band 21, 1949, S. 447

Dieses Paradoxon entsteht nicht, wenn wir eine Blockzeit annehmen, in der alles vorherbestimmt ist. In diesem Fall wäre sogar diese Zeitreise vorherbestimmt.
Der Zeitreisende hat aber nicht die Möglichkeit einen logischen Widerspruch zu schaffen, weil alle seine Handlungen und Entscheidungen vorherbestimmt sind. Reisen in die Vergangenheit sind somit zwar theoretisch widerspruchsfrei möglich, aber sie sind ohne Konsequenz, da niemand von der ihm vorherbestimmten Bahn abweichen kann und geschehene Ereignisse ändern kann. Ob jedoch tatsächlich jemals eine Zeitreise stattfindet, lässt sich nicht sagen und kann von uns, wie alles andere auch, nicht beeinflusst werden.

Wenn die spezielle Relativitätstheorie stimmt, das heißt, wenn Licht für alle Beobachter gleich schnell ist und die Naturgesetze für alle Beobachter gleich sind, dann ist die einzige plausible Alternative, dass unser Leben vorherbestimmt ist. Wir erleben und entdecken es, haben aber keinen Platz in seiner Gestaltung.

Die unbeschrittenen Wege

4

Nach unserer Reise ins Herz der Relativitätstheorie scheint es, als ob unser Schicksal vorbestimmt und unser freier Wille eine Illusion sei. Das klingt nach einer trostlosen Wahrheit.
Doch es gibt wie immer einen Silberstreif am Horizont. Denn es bedeutet auch, dass wir uns nicht um all die Dinge sorgen müssen, die wir nicht getan haben. Alle Entscheidungen, die wir bereits getroffen haben, hätten wir nämlich in jenem Moment nicht anders treffen können, denn die Raumzeit enthält eben keine anderen Ereignisse als die, die wirklich passieren.
Es macht daher keinen Sinn sich über Dinge Gedanken zu machen, die es hätte geben können,

aber de facto nicht gibt. Mit allem, was wir bisher verstanden haben, müssen wir uns nicht länger mit der Frage „Was wäre wenn?“ quälen, die zwangsläufig Fantasien von grünerem Gras entlang einer alternativen Zukunft hervorbringt, die einfach nicht existiert[16].

Diese Bestimmtheit schützt uns jedoch nicht vor den Folgen unseres Handelns. Ebenso macht sie unsere Reaktionen auf unsere Umgebung nicht weniger wichtig.
Sie hat auch keine moralischen oder rechtlichen Auswirkungen, denn wir brauchen Moral und Recht, um das Funktionieren unserer Gesell-

16 Wenn man sich trotz ihrer im letzten Kapitel genannten Probleme dafür entscheidet, die Viele-Welten-Interpretation (VWI) der Quantenmechanik als Modell der Zeit anzunehmen, ändert sich auch an diesem Argument fast nichts.
Auch in der VWI existieren keine Ereignisse, die nicht passiert sind. Allerdings ist der Grund, dass alle irgendwie möglichen Ereignisse eben tatsächlich passieren.
In diesem Fall kann man sich fragen, warum die anderen Ereignisse eben nicht uns passiert sind.
Die VWI behauptet, dass sich alle unsere alternativen Existenzen dasselbe fragen können. Sie erlaubt aber keinen Austausch zwischen den Alternativen und uns keine Wahlmöglichkeit. Deshalb existieren diese alternativen Ereignisse für alle praktischen Belange auch in der VWI nicht für uns.
Das ist auch der Grund, warum die VWI nicht widerlegt oder bewiesen werden kann.
Was sie uns lässt, ist die Genugtuung, dass irgendwo eine andere Version von uns sich fragt, ob das Grass auf unserer Seite das grünere ist.

schaft sicherzustellen, nämlich uns zum Beispiel vor Verbrechen zu schützen und Kriminalität unprofitabel zu machen, egal ob sie durch persönliche Entscheidungen oder das Schicksal verursacht ist.

Wenn aber alle Ereignisse schon immer festliegen, macht es dann überhaupt Sinn, sich bei unseren Entscheidungen Mühe zu geben? Wenn wir überleben wollen, brauchen wir gut berechnete Entscheidungen und Handlungen.
Daher ist es sinnvoll, sie gut zu durchdenken.
Aus diesem Grund, haben wir im Zuge der Evolution ein komplexes Gehirn entwickelt.

Nehmen wir einen Taschenrechner als Beispiel.
Bei ihm ist das Ergebnis auch vorherbestimmt.
Niemand würde ihm einen freien Willen unterstellen. Es würde sich auch niemand mit gesundem Menschenverstand einen Taschenrechner mit freiem Willen zulegen, da er komplett unbrauchbar wäre.
Auch wenn bei einem Taschenrechner das richtige Ergebnis bereits vorher feststeht, heißt das nicht, dass er es nicht ausrechnen muss und dass es für den Taschenrechner nicht problematisch wäre, wenn er ein falsches Ergebnis zeigt.
Seine Chance auf dem Müll zu landen erhöht sich drastisch mit jedem falschen Ergebnis.

Weiterhin, bedeutet die Vorbestimmtheit des Ergebnisses auch nicht, dass es nicht der Taschenrechner, sondern das Schicksal war, welches das Ergebnis errechnet hat. Unsere Entscheidungen sind unsere, weil sie in unserem Gehirn getroffen wurden, nicht weil sie die Raumzeit aus ihrer Bahn werfen[17].

Nur weil wir passive Beobachter unseres Lebens und Körpers sind, heißt das nicht, dass unser Körper ein passiver Teil der Welt sein sollte.
Analog sehen wir uns ja auch ungern Filme an, in denen der Protagonist nur ein passiver Beobachter ist. Nur weil der Protagonist im Film handelt und Entscheidungen trifft, bedeutet das aber nicht, dass der Verlauf und das Ende des Films noch unbestimmt ist.

Wenn wir akzeptieren, dass die Realität, in der wir leben, die einzig mögliche ist, können wir uns frühere Entscheidungen verzeihen, die un-

17 Das Gehirn muss nicht immer mathematisch korrekte Ergebnisse liefern, sondern muss häufig Optimierungsprobleme in einer mehrdeutigen Umgebung mit unvollständigen Informationen lösen.
Dennoch muss unser Gehirn eine Antwort berechnen, die unser Überleben sichern muss.
Auf diese Weise ähnelt unser Gehirn wirklich dem Taschenrechner in unserem Argument.

ser Gehirn auf der Grundlage der seinerzeit zur Verfügung stehenden Informationen bestmöglich berechnet hatte.

Genauso können wir hoffentlich erkennen, dass andere Menschen auch keinen anderen Weg zur Auswahl hatten als den, den sie eben gegangen sind. Dies bedeutet nicht unbedingt, dass wir ihren Weg gutheißen, verteidigen oder auch nur kreuzen wollen.
Es bedeutet einfach, dass wir, genauso wie wir unsere eigenen Entscheidungen nicht länger bedauern müssen, auch unsere Vorwürfe gegenüber unseren Mitmenschen loslassen können.

Ein jeder lebt mit den Auswirkungen seiner Handlungen. Das gilt für uns und auch für alle anderen – und kann hoffentlich ein Katalysator für mehr Mitgefühl, Verständnis und Vergebung in der Welt sein.
Die Vorbestimmtheit unserer Entscheidungen bedeutet auch, dass der einzige Unterschied zwischen uns und zum Beispiel jenen Menschen, die sich dieses Buch niemals leisten könnten, einfach nur der ist, dass wir mehr Glück als sie hatten. Nicht mehr und nicht weniger.

Befreit von der Last einer unendlichen Anzahl verpasster Möglichkeiten können wir uns nun entspannt zurücklehnen und mit Vorfreude lauschen, welche Musik die Schallplatte unseres Lebens noch für uns enthält und in jedem Moment unsere ganz persönliche Sinfonie genießen.

Franz Wegener studierte an der Freien Universität Berlin Mathematik und Physik, sowie Philosophie mit der Spezialisierung auf Logik an der Humboldt Universität Berlin.

Sein Interesse daran, die Relativitätstheorie komplett zu entschlüsseln war inspiriert von den Werken von Roger Penrose, der mittlerweile einen Nobelpreis für seine Arbeit erhalten hat.

Andere Veröffentlichungen:

Die spezielle Relativitätstheorie komplett verstehen: nur mit Schulmathematik

Printed in Germany
by Amazon Distribution
GmbH, Leipzig

28356854R00068